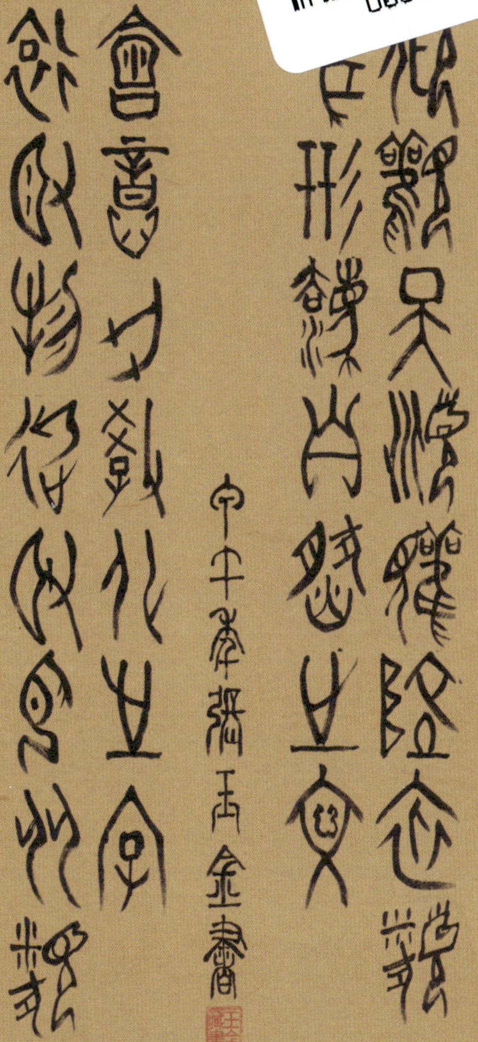

中国印象

丛书主编　张玉金

汉字与植物

蒋书红　著

暨南大學出版社
JINAN UNIVERSITY PRESS

中国·广州

图书在版编目（CIP）数据

汉字与植物/蒋书红著. —广州：暨南大学出版社，2016.3
(2019.6 重印)
(汉字中国)
ISBN 978-7-5668-1535-4

Ⅰ.①汉…　Ⅱ.①蒋…　Ⅲ.①植物—汉字—命名法—研究
Ⅳ.①Q94②H12

中国版本图书馆 CIP 数据核字（2015）第 155685 号

汉字与植物
HANZI YU ZHIWU
著　者：蒋书红

出 版 人：徐义雄
策划编辑：杜小陆　刘　晶
责任编辑：颜　彦
责任校对：周玉宏
责任印制：汤慧君　周一丹

出版发行：暨南大学出版社（510630）
电　　话：总编室（8620）85221601
营销部（8620）85225284　85228291　85228292（邮购）
传　　真：（8620）85221583（办公室）　85223774（营销部）
网　　址：http://www.jnupress.com
排　　版：广州良弓广告有限公司
印　　刷：佛山市浩文彩色印刷有限公司
开　　本：850mm×1168mm　1/32
印　　张：5.875
字　　数：119 千
版　　次：2016 年 3 月第 1 版
印　　次：2019 年 6 月第 2 次
定　　价：28.80 元

总　序

当人类从野蛮跨入文明，一些民族发明并使用了文字。如巴比伦人的楔形文字、埃及人的象形文字、玛雅人的图形文字等。我们的先人，同样也发明并使用了象形文字。

然而到了今天，其他几种古老的文字体系都消亡了，只有我们的汉字至今还存活着，并呈现出勃勃的生机。在可以预见的将来，它都不太可能被废弃。这是为什么?

传说汉字是四目的仓颉所造的。他创造文字之后，“天雨粟，鬼夜哭”，真是惊天地、泣鬼神的壮举。即使在今天，还有人把汉字的创造看成是中国人的第五大发明。的确，汉字对中华民族的贡献，怎样评价都不过分。

汉字具有超时代性，使我们后人很容易继承先人所创造的伟大文明。中华民族生生不息，中华文明薪火相传，绵延不绝。汉字居功至伟。

汉字具有超地域性，使得居于不同地域、操不同方言的人们能顺利交流，维系着我们国家的统一和民族的团结。汉字功不可没……

汉字身上，蕴藏着无穷无尽的奥秘，等待着我们去探究。

然而以往对汉字的研究，多是就汉字研究汉字，如研究汉字的本义和形体结构，探究汉字的起源、发展、结构等。有时就汉语研究汉字，探讨汉字与汉语的关系。

近些年来，一些学者开始研究汉字自身所具有的文化意义，探讨汉字与中国文化的关系。

但是，到目前为止还没有人从中国文化生态系统的角度来研究汉字。本丛书就是从中国文化生态系统的角度来研究汉字的。

所谓中国文化生态系统是指由影响中国文化产生和发展的自然环境、科学技术、经济体制、社会组织及价值观念等变量构成的完整体系。人类的活动是社会的主体，人类的文化创造可以划分为科学技术、经济体制、社会组织及价值观念四个层次，这些因素构成文化生态系统的结构模式。与自然环境最近、最直接的是科学技术一类智能文化；其次是经济体制、社会组织一类规范文化；最远是价值观念。对人类的社会化影响最近、最直接的是价值观念；其次是社会组织、经济体制；最远的是自然环境，它对人类社会化的影响是通过经济体制、社会组织及价值观念等中间变项来实现的。

汉字是一种文化现象，所以可以从中国文化生态系统的角度来研究汉字。把汉字与中国文化生态系统联系起来，考察汉字所赖以产生的整个文化生态系统及其对汉字的影响，考察汉字中蕴含的中国社会结构、经济土壤、文化系统和自然环境等各方面的信息。

本丛书的创新点，不是仅就汉字论汉字、仅就汉语论汉字，也不是仅就中国文化来论汉字，而是联系它所赖以产生的整个文化生态系统，从而达到对汉字的更为深入全面的剖析。

本丛书从汉字与人、汉字与社会、汉字与经济、汉字与文化、汉字与自然五个大的角度来研究汉字，共提出39个研究子课题，每个子课题都写成一本小书。这些子课题如下：

一、人：汉字与人体。

二、社会：汉字与婚姻家庭、汉字与宗法、汉字与职官、汉字与战争、汉字与汉语。

三、经济：汉字与农业、汉字与渔猎、汉字与手工业、汉字与贸易。

四、文化：

（一）物质文化：汉字与饮食、汉字与服饰、汉字与建筑、汉字与交通、汉字与玉石、汉字与文房四宝。

（二）制度文化：汉字与刑法、汉字与度量衡。

（三）精神文化：汉字与乐舞、汉字与书法艺术、汉字与神话、汉字与对联、汉字与数目、汉字与医疗、汉字与色彩、汉字与经典。

（四）心理文化：汉字与民俗、汉字与姓名、汉字与避讳、汉字与测字、汉字与字谜、汉字与宗教、汉字与道德、汉字与审美、汉字与思维。

五、自然：汉字与植物、汉字与动物、汉字与地理、汉字与天文。

本丛书的读者对象是具有高中及以上学历的学生和一般国人，也包括学习汉语汉字的海外华人、外国学生和一般外国人。

全面揭示汉字所蕴含的中国文化生态系统信息，可以让普通民众和大中学生对我们天天使用的汉字有更为深入的了解，有利于提高基础教育和高等教育的水平，有利于提高中华民族的科学文化水平；还可以让学习汉语的外国学生和一般外国人对汉字及其背后的文化生态系统，特别是两者的关联有更多的了解，这有利于汉字汉语汉文化走向世界。

张玉金

2014. 12

前　言

法国著名昆虫学家、科普作家法布尔曾说：“历史赞美把人们引向死亡的战场，却不屑于讲述使人们赖以生存的农田；历史清楚知道皇帝私生子的名字，却不能告诉我们麦子是从哪里来的。这就是人类的愚蠢之处！”这种局面发展到现在，虽然已有一定的改观，随着科技的日新月异，蓬勃发展，人们的科技意识空前高涨，各类科普知识和基础常识都相应地得到了较大重视，相关书籍也丰富多彩、琳琅满目，但还是遗留有不少的疏漏空白，值得人们继续研究，做进一步的拓展提高。本书即是有感于此，尝试从汉字学的角度来介绍植物，将语言文字学专业知识与科普知识、文化知识、历史知识、风土民俗知识等相结合，以期另辟蹊径，带给读者朋友们新的视野、感受和启发。

中华文明博大精深、丰富多彩。我们的先人很早就对身边的植物进行过仔细的观察、研究，并将之反映到汉字的字形和意义上。汉字里，植物部首的数量很多且比例很高。根据我国第一部按部首编排的字典——东汉时期许慎所编撰的《说文解字》来进行统计，与植物有关的汉字中，“艸”部字有445个，“木”部字有421个，“竹”部字有144个，“禾”部字有87个。“艸”、

“木”、“竹”、“禾”这四大表示植物的部首所辖汉字总数高达1 097字，约占《说文解字》所收总字数（9 353个）的11.7%，如果再加上“米”、“瓜”、“果”、“衣”、“巾”、“食”这些与植物直接或间接相关的字，以及它们当中一些与植物有关的异体字，其总数可占到《说文解字》所收总字数的20%左右。其数量之多、比例之高、汉字与植物关系之密切，由此可见一斑。

植物种类繁多，名目各异，一般叫得上名来的植物都有相应的汉字。尤其是一些常见或名贵的草木花果，不光有表示专名的汉字，而且这些汉字经过人们历代运用，还被赋予了丰富的文化内涵。人们在生产生活中赋予这些植物以文化象征，这些带有文化色彩的汉字又常出现于诗词歌赋等文学作品中，如梅、兰、竹、菊、松等。此外，人们对一些汉字的形、音、义的衍生使用，也往往寄托了特殊的寓意，如“苹”谐音“平”，苹果成为中国人的送礼常品。这些都反映出中华民族特有的生活习俗、思维观念、文化情怀等，它们是广博灿烂的中华文化的重要体现和组成部分。因此汉字不仅形象地展现了中国古人对花草树木的观察结果，还包含了人们的思想情感、人文关怀，以及科普意识等。

与植物相关的汉字，主要有四种类型：表示植物名称的汉字、表示植物性状的汉字、表示与植物有关的动作的汉字、表示与植物有关的器物的汉字。其中以表示植物名称的汉字为多。

本书以与植物相关的汉字为纲，从甲骨文、金文、篆书等古文字形体角度展现古人对植物的观察认知，从文字意义和词汇角度叙述古人诗词文章中对植物名字的运用，并从植物的文化象征角度分析其中的文化内涵，以及拓展阐发与植物相关的历史知识、风土民俗等；有些植物或相关知识还配以直观形象的插图，尽量使之图文并茂，名物呼应。以上诸种努力，皆为企求本书能把学术性、知识性、可读性融于一体，做到信息量最大化，得到读者朋友们的认可。高山仰止，景行行止，虽不能至，心向往之。

本书中引自网络之图片，皆已于图题右上角标注“＊”号；另有少部分文本原材料引自汉典、百度百科等网站。由于辗转流传或本身信息要素不规范、不完全等原因，其原作者、发表时间、发布地点等产权信息难以考证查明，故未能在此书中一并规范作注。特此说明，谨向其原创作者致以诚挚歉意与万分感谢！

蒋书红

2015. 12

目　录

植物是能够进行光合作用的多细胞真核生物，绝大多数有叶绿素，能通过光合作用，将无机物转化为有机养料。植物有细胞壁，没有神经系统，没有感觉。它分为低等植物（包括藻类、菌类、地衣等）和高等植物（包括苔藓类、蕨类和种子植物等），起源于距今约二十五亿年前的元古代，已知约三十余万种。

汉字是人类历史上最古老的文字之一，也是四大文明古国中唯一一种延续不断地使用至今的文字。公元前 14 世纪的甲骨文，是迄今为止考古所见最早的汉字，但甲骨文已是一种体系成熟的文字，因此它应该不是汉字的最初源头，从理论上来推测，汉字大约起源于原始社会晚期，距今已有六千年左右的历史。

中华文明历史悠久，灿烂辉煌。勤劳智慧的中华民族，很早就体察万物并将之形诸文字了。观察植物，为之命名造字，赋予其独特的文化内涵，就是其中之一。

一、植物名称及相关汉字

各种各样的植物，都有相应的名称。因为分类范围和包涵对象不同，这些名称，有的是植物的总称，有的是植物的分称。

（一）植物总称

植物总称，是某类植物总体对象共有的名称，它的所指对象为同类事物的全部个体，而不仅仅是某个特定的具体对象。

有些总称，是着眼于植株整体的，如木、林、森、树等；有些总称，是着眼于植株局部的，如根、茎、枝、叶、花、果等部位。

1. 植株整体的总称

木： mù　木本植物的总称。甲骨文写作，金文写作，小篆写作。象形字，像一棵树木的形状：中间一竖为树干，上部为枝条，下部为树根。

树木

“木”的本义是指树木，《庄子·山木》：“庄子行于山中，见大木，枝叶盛茂。”《孟子·尽心上》：“舜之居深山之中，与木石居，与鹿豕游。”可引申指木料、木材，《论语·公冶长》：“朽木不可雕也。”《庄子·马蹄》：“我善治木，曲者中钩，直者应绳。”又可引申作形容词，呆板麻木义，如成语“呆若木鸡”，《红楼梦》：“贾瑞听了，身上已木了半边。”还可引申为五行之一，指“金、木、水、火、土”五行中的“木”，如“木星”、“木气”（五行气之一，肝气）、“木德”等。

木星为太阳系八大行星之一，与太阳的距离按由近及远排行第五，是太阳系中体积最大、质量最重、自转最快的行星。它主要由氢和氦组成，中心温度估计高达 30 500℃。木星的质量是其他七大行星总和的 2.5 倍多，是地球的 317.89 倍，体积是地球的 1 316 倍。古代中国人称之为“岁星”，古代西方人称之为“朱比特”。

在世界现存最高的古代木构建筑山西应县木塔的顶层，有清人刘仕伟题写的一块匾额——“木德参天”，典型地反映出古人对木构建筑文化意义的认识。在中国传统观念中，“木”不只是一种简单的物质，还具有多层次的文化内涵。“木”温润（木材的导热系数仅有石材的二十分之一、铁的八百分之一，因而无论外界气温如何，都能给人温和的触摸感受，这种生命体的特质使木材适于制造人体经常触碰的物件。研究表明，木质墙体的保温性能优于砖墙。此外，木材在空气湿度大时会自动吸潮，反之则会释放水分，缓和室内湿度变化。这些特性使其有助于创造舒适、健康的居住环境）、可观（既可作为美景观赏，又可造纸写字。农业生产重视节气，而阴阳五行之说在古代直接联系着人们的活动，需要有大量的历书，所以印造历书便成为印刷术发明之后的一大功用）、生生不息、“本支百世”（枝干强壮茂盛，喻指子孙昌盛，百代不衰）。在庞杂的五行体系中，与“木”关联的多是各事物类别中最美好的要素，“木德”所具备的如文、儒、仁、乐、农、东、春、旭等要素，几乎囊括了中国古代社会核心价值观的所有关键词。这一现象并非偶然产生，“木”作为五行中唯一一种有生命的元素，其核心意义就是“生”，因此与“生”关联的大量概念都由“木”来承载，从而使木和木制器物获得了“天地之大德”的美好寓意。“木德”一词，在先秦两汉的典籍中，大量出现，如《孔子家语·五帝》：“孔子曰：‘五行用事，先起于木。木东方，万物之初皆出焉。是故王者则之，而首以木德王天下。其次则以所生之行，转相承也。’”《黄帝内经·素问·五常政大论》：“敷和之纪，木德周行，阳舒阴布，五化宣平。”《史记·封禅书》：“夏得木德，青龙止于郊，草木畅茂。”这些话语表明，古人对“木”有着深刻的理解，赋予了“木”丰富多样的文化内涵。木塔作为“木德”的载体，也被赋予了“与天地参”的象征意义而受到赞颂。在中国古代兴建过许多木塔和木制建筑，有的高度甚至超过应县木塔，从中可以反映出古人对“木德”的孜孜追求。

“木”又是汉字中最为常用的部首之一。从“木”的字往往表示树木、木制器具的名称或其他与树木有关的事物。

林： lín　树林。甲骨文写作，金文写作，小篆写作。会意字，双木为林，表示树比较多。

广西有一个美丽的地方，那儿生长有许多桂树，因此得名“桂林”。先秦时期最古老的地理书籍《山海经》中说：“番禺之西，八桂成林。”即指当时广西一带多桂树。秦始皇时，曾设广西为“桂林郡”。桂树包括药用的肉桂和八月飘香的“八月桂”等，自古以来都以广西出产最多，是广西标志性的土特产之一。如今，桂花是桂林市的市花，市区内以桂花树为主要绿化植物。

树林

森： sēn　森林。甲骨文写作，小篆写作。会意字，三木为森，表示树非常多。

森林是人类的资源宝库，它能够为人类提供大量的木材和其他林产品，还能够涵养水源，保持水土，防风固沙，净化空气，除尘降噪。森林是自然界的卫生保健医生，就像人类的肺，每一片树叶都是一个滤毒器，在光合作用中，叶面上的气孔敞开，空

森林

气中的有毒物质随着空气进入叶组织，储存在植物体内，而光合作用释放出来的气体则是纯净而无毒的。许多植物还能分泌出杀死结核、赤痢、伤寒、白喉等多种病菌的杀菌素，防止空气中的毒素达到有害的浓度。

树： shù　树木。小篆写作。形声字，从木，尌(shù)声（“从”表示跟某字意义相关，“从木”表示“树”的意义跟“木”相关；“声”表示跟某字读音相关，“尌声”表示“树”的读音在造字时代跟“尌”的读音相同或相近)。《广韵》：“树，木总名也。”《说文解字》（以下简称《说文》）：“树，生植之总名。”《礼记·月令》：“毋发大众，毋伐大树。”引申指种植，如《孟子·梁惠王上》：“五亩之宅，树之以桑，五十者可以衣帛矣。”又引申指竖起、建起、树立，如清朝徐珂《清稗类钞·战事类》：“筑石寨土堡于要隘，树帜曰：‘谢庄团练冯。’”还引申指培植、培养，如《管子·权修》：“终身之计，莫如树人。”

在生产力低下的远古时代，人们对自然缺乏认识与征服能力，便产生一种对自然的崇拜，认为万物都有神灵主宰。其中，树也是崇拜对象之一。因为树的生命力顽强，果、根、枝等都可繁殖，所以人们对树的生命力、繁殖力产生了崇拜。例如，古人曾以“树”为姓氏，从中即可以窥见树木图腾的影子，他们希望自己能像树木一样顽强，子孙后代枝繁叶茂。在巴蜀、荆楚、吴越、西南边疆一带，这种树木图腾崇拜更加盛行。云南德昂族创世神话史诗《达古达楞格莱标》中讲到，洪荒时代，世上只有花草树木，突然有一天，天上刮下一百零二片茶树叶，都变成了人，单叶变成了小伙子，双叶变成了姑娘，他们结为夫妇，从此才有了人类。云南独龙族神话《坛嘎朋》中讲到，人是从树丫包中爆出来的。此外，苗族还有“枫叶妈妈”的传说。这些史诗、神话传说、志怪故事的思想底蕴，其实就是对树的生命力的崇拜。

一棵树的生态价值：根据印度加尔各答农业大学德斯教授的实验测算，一棵能存活 50 年的树，它的生态价值如果以金钱来计算的话，产生氧气的价值约 31 200 美元；吸收有毒气体、防止大气污染的价值约 62 500 美元；增加土壤肥力价值约 31 200 美元；涵养水源价值约 37 500 美元；为鸟类及其他动物提供繁衍场所价值约 31 250 美元；产生蛋白质价值约 2 500 美元。除去花、果实和木材价值忽略不计，总计创值约 196 000 美元。

中国的“树中之最”：最高的树是蓝桉，分布在广东、广西、福建、云南一带，它生长迅速，高耸入云，高度可达 80 米；最咸的树是木盐树，生长在黑龙江和吉林交界的地方，它能产盐，每年春天，树上都凝结出一层雪白的盐霜，人们用刀把它轻轻刮下来，就可当盐食用；最毒的树是箭毒木，生长在云南西双版纳的密林中，它的汁液像白色的乳汁，含剧毒，碰到人畜的伤口后渗入血液就会引起中毒死亡，傣族人常将它涂抹在箭头上制成毒箭打猎，野兽一旦中箭，见血封喉，立即毙命。

写诗护树：爱国名将冯玉祥爱树如命，曾在军中立下护树军令：“马啃一树，杖责二十，补栽十棵。”驻兵北京时，他率领官兵广植树木，被誉为“植树将军”。驻兵徐州时，他还写下一首护林诗喻示军民：“老冯驻徐州，大树绿油油。谁砍我的树，我砍谁的头。”

植树节的来龙去脉：“植树节”是一些国家以法律形式规定的以宣传森林效益和动员群众参加造林为活动内容的节日。按时间长短可分为植树日、植树周或植树月，总称植树节。通过这种形式，可激发人们爱林、造林的情感，提高人们对森林功用的认识，促进国土绿化，达到爱林护林、扩大森林资源和改善生态环境的目的。

近代植树节最早是由美国的内布拉斯加州发起的。19 世纪以前，内布拉斯加州是一片光秃秃的荒原，树木稀少，土地干旱，大风一起，黄沙满天，人们深受其苦。1872 年，美国著名农学家朱利叶斯 · 斯特林 · 莫尔顿提议在内布拉斯加州设立植树节，动员人民有计划地植树造林。经过多年的努力，州内广阔的荒原变成了茂密的森林，植树节也延续了下来。

我国植树造林的历史，可以追溯到 2 600 年前（春秋时期）的清明节。当时清明节的习俗除了禁火、扫墓外，还有踏青、荡秋千、蹴鞠、打马球、插柳等。清明时期，春雨绵绵，气温升高，正是春耕春种的大好时节，故有“清明前后，种瓜种豆”、“植树造林，莫过清明”的农谚。因而自古以来，我国就有清明植树的习惯，有人还把清明节叫作“植树节”。

孙中山是中国近代史上最早意识到森林的重要意义和倡导植树造林的人。1893 年，孙中山先生亲自起草了著名的《上李鸿章书》，提出中国欲强，须“急兴农学，讲究树艺”。辛亥革命以后，孙中山提出了在中国北部和中部大规模进行植树造林的计划，规划农业现代化的远景。1915 年，在孙中山的倡议下，当时的北洋政府正式公布了以每年清明节为植树节的规定，自此中国有了植树节。1928 年，为纪念孙中山逝世三周年，国民政府举行了植树仪式。后因清明节对中国南方来说已过植树季节，同时也为了纪念孙中山先生，1930 年，国民政府又决定将孙中山的逝世日 3 月 12 日定为植树节。

不过，植树造林、发展林业真正成为国家建设的战略任务，是在新中国成立之后。1956 年，毛泽东发出了“绿化祖国”、“实现大地园林化”的号召，中国开始了“12 年绿化运动”，目标是“在 12 年内，基本上消灭荒地荒山，在一切宅旁、村旁、路旁、水旁，以及荒地荒山上，即在一切可能的地方，均要按规格种起树来，实行绿化”。

植树造林成为中国公民的一项法定义务则始于改革开放之初。1979 年 2 月，在邓小平提议下，第五届全国人大常委会第六次会议根据国务院的提议，正式通过了将每年的 3 月 12 日，即孙中山先生与世长辞之日，定为植树节的决议。这项决议的意义在于动员全国各族人民积极植树造林，加快绿化祖国和各项林业建设的步伐，同时也是为了缅怀孙中山先生的丰功伟绩，象征孙中山先生生前未能实现的遗愿将在新中国实现。

1981 年 12 月 13 日，第五届全国人大第四次会议讨论通过了《关于开展全民义务植树运动的决议》。这是新中国成立以来国家最高权力机关对绿化祖国作出的第一个重大决议。决议指出，凡是条件具备的地方，年满 11 岁的中华人民共和国公民，除老弱病残者外，应因地制宜，每人每年义务植树 3 棵至 5 棵，或者完成相应劳动量的育苗、管护和其他绿化任务。决议号召全国各族人民“人人动手，每年植树，愚公移山，坚持不懈”。1982 年的植树节，邓小平同志率先垂范，在北京玉泉山上种下了义务植树运动的第一棵树。

中国植树节节徽*

1984 年 2 月，全国绿化委员会第三次全体会议审定通过了“中国植树节节徽”。

1984 年 9 月，第六届全国人大常委会第七次会议通过修改的《中华人民共和国森林法》总则中规定：“植树造林、保护森林是公民应尽的义务”，从而把植树造林纳入了法律范畴。

屮：chè　一棵草。甲骨文写作，金文写作，小篆写作。象形字，像一棵草的形状：中间一竖为草茎，两侧为草叶。《说文》：“屮，草木初生也。象丨出形，有枝茎也。”徐铉曰：“屮，上下通也。象草木萌芽，通彻地上也。”

草（艸）：cǎo　草类植物的总称。“艸”是“草”的本字。会意字，双屮为“艸”，表示草比较多。今天的“草”字，小篆写作，形声字，从艸，早声，原是“皂”的本字。《说文》：“草，草斗，栎实也。”栎实即栎树的荚果，皂角也。后来“草”字被假借用以代替“艸”字来表示“草木”义，“艸”字就废弃了，并另造出“皂”字来代替“草”字表示“草斗、栎实”义。

有些草可以治病，因此叫“草药”。传说中华民族的始祖神农氏，为了给人们治病，尝遍了世界上所有的草。他找到了许多可以治病的草药，可是自己却因误尝毒草中毒而死。西汉刘安《淮南子 · 修务训》记载：“古者民茹草饮水，采树木之实，食蠃蚌之肉，时多疾病、毒伤之害。于是神农乃始教民播种五谷，相

神农遍尝百草图*

土地宜，燥湿肥硗高下，尝百草之滋味，水泉之甘苦，令民知所辟就。当此之时，一日而遇七十毒。”

屈原的文章中，常用“香草”、“美人”之词，如《离骚》：“惟草木之零落兮，恐美人之迟暮。”《九歌·少司命》：“秋兰兮青青，绿叶兮紫茎。满堂兮美人，忽独与余兮目成。入不言兮出不辞，乘回风兮载云旗，悲莫悲兮生别离，乐莫乐兮新相知。荷衣兮蕙带，倏而来兮忽而逝。”今天人们多以“香草美人”代指女性，但其实屈原作品中的“香草美人”所指为男人。如“美人迟暮”中的“美人”指楚怀王，“恐美人之迟暮”的意思是担心楚怀王年老醒悟之时，即使想再重用自己，也为时已晚。“香草”本义为具有芳香气味的草类，古人常以之比喻人的品德高洁，以及品德高洁的忠贞之士，如西汉刘向《说苑·谈丛》：“十步之泽，必有香草；十室之邑，必有忠士。”汉语中的“美”字，除指人的容貌仪表外，还可指人的才德与品行，如《孟子·尽心下》：“可欲之谓善……充实之谓美。”这里的“美”显然不是指外表的美丽，而是指一个人的德行充实完美，所以古人也常将德高望重的人喻为“美人”。因此，屈原作品中的“香草”、“美人”，通常所指为君王、君子、忠贞之士，而且大多指代的是他人。但其有时还可自喻，如《离骚》：“长太息以掩涕兮，哀民生之多艰。余虽好修姱以鞿羁兮，謇朝谇而夕替。既替余以蕙纕兮，又申之以揽茝。亦余心之所善兮，虽九死其犹未悔。怨灵修之浩荡兮，终不察夫民心。众女嫉余之蛾眉兮，谣诼谓余以善淫。”“香草美人”是楚辞中最典型的象征性意象，屈原首先将其用作诗歌的象征手法，是一大创造，丰富了诗歌的写作手法，增加了优美意象，真不愧是我国最早最伟大的浪漫主义诗人。

卉：huì　草的总称。小篆写作。会意字，三屮为卉，表示草多。《说文》：“卉，艸之总名也。从艸、屮。”西汉扬雄《方言》：“卉，艸也。东越扬州之间曰卉。”《诗经·小雅·出车》：“春日迟迟，卉木萋萋。”后引申指花，如北宋王禹偁《桂阳罗君游太湖洞庭诗序》：“遂使幽云野泉，奇卉怪草，暨鸟兽虫鱼辈皆欣欣熙熙，似有知于感遇也。”北宋梅尧臣《寄题周源员外衢州萃贤亭》：“卉萼人未识，鸟哢日可听。”

茻：mǎng　草的总称。小篆写作。会意字，四屮为茻，表示草非常多。《说文》：“茻，众艸也。从四屮。”“茻”是“莽”的本字。今天的“莽”字，小篆

写作，会意兼形声字，从犬，从茻，茻亦表读音，原意是指“逐兔茻中”，是一个动词。《说文》：“莽，南昌谓犬善逐菟草中为莽。从犬，从茻，茻亦声。”意即南昌方言中称犬善于草丛中逐兔为莽。后来假借“莽”字代替“茻”字来表示“众艸”义，“茻”字就废弃了。《易经·同人》：“伏戎于莽。”西汉刘安《淮南子》：“食莽饮水，枕块而死。”引申指茂密、盛多的样子，如《九章·怀沙》：“滔滔孟夏兮，草木莽莽。”或引申指大、漫无涯际的样子，如谭嗣同《出潼关渡河》：“平原莽千里。”或引申指草率、鲁莽，如《庄子·则阳》：“君为政焉勿卤莽，治民焉勿灭裂。昔予为禾，耕而卤莽之，则其实亦卤莽而报予；芸而灭裂之，其实亦灭裂而报予。予来年变齐，深其耕而熟耰之，其禾蘩以滋，予终年厌飧。”意思是说，你处理政事不要草率鲁莽，治理百姓不要粗疏马虎。从前我种庄稼，耕地时草率马虎，而庄稼收成也草率马虎地来回报我；平土锄草时简单轻率，而庄稼收成也简单轻率地来回报我。我第二年改变了耕作方式，深耕细整，庄稼便繁茂茁壮，硕果累累，我一年到头都能吃得饱饱的。

苗：miáo　初生的植物。小篆写作。会意字，从

艸，从田。苗的本义是指禾苗，如《诗经·魏风·硕鼠》：“硕鼠硕鼠，无食我苗。”《公羊传·庄公七年》：“秋，大水。无麦、苗。”《孟子·公孙丑上》：“宋人有闵其苗之不长而揠之者。”《韩非子·内储说上》：“南门之外有黄犊食苗道左者。”后引申泛指初生的植物、植物的幼体，如北宋沈括《梦溪笔谈》：“二月草已芽，八月苗未枯……但取芦菔、地黄辈观，无苗时采，则实而沉；有苗时采，则虚而浮。”又引申指初生的动物，如“鱼苗”、“猪苗”等。

芽

芽：yá　萌芽，植物的幼体。小篆写作。形声字，从艸，牙声。《说文》：“芽，萌芽也。”可引申作动词，发芽义，如北宋沈括《梦溪笔谈》：“二月草已芽，八月苗未枯……一亩之稼，则粪溉者先芽。”清末王国维《暮春》：“晨翻书帙鸟无哗，晚步郊原草正芽。”也可指尚未发育完成的枝、叶或花的雏体，如五代王周《和杜运使巴峡地暖节物与中土异黯然有感诗三首》之一：“随柳参差破绿芽，此中依约欲飞花。”诗中的绿芽即指柳树新发的绿色的嫩叶。唐朝白居易《谢李六郎中寄新蜀茶》：“红纸一封书后信，绿芽十片火前春。”意思是，（我收到了你寄给我的）一封红色信封的书信，（以及）十块清明节前采摘制作的团饼绿茶叶。北宋苏轼《惠崇春江晚景》：“蒌蒿满地芦芽短，正是河豚欲上时。”

2. 植株局部的总称

植株局部，可分为根、茎、枝、叶、花、果六大类。

（1）根类。

本：běn　植物的根。金文写作，小篆写作。《说文》：“本，木下曰本。从木，一在其下。”指事字，在“木”下加圆点或短横，以示所指位置。《国语·晋语一》：“伐木不自其本，必复生。”唐朝柳宗元《种树郭橐驼传》：“摇其本以观其疏密。”引申指事物的根基或主体，如《论语·学而》：“君子务本，本立而道生。孝弟也者，其为仁之本与？”善事父母为孝，善事兄长为弟（悌），这里的“本”指的是孝悌，孝悌是做人的根本。西汉贾谊《论积贮疏》：“今背本而趋末，食者甚众，是天下之大残也。”意思是说，现在背离农业而趋

向工商业，白吃饭不种地的人很多，这是天下的大害，因为中国古代社会以农业为根基，重农轻商。或引申指事物的根源、本源，如《礼记 · 大学》：“物有本末，事有始终。”《史记 · 屈原贾生列传》：“夫天者，人之始也；父母者，人之本也。人穷则反本，故劳苦倦极，未尝不呼天也；疾痛惨怛，未尝不呼父母也。”意思是说，天是人类的始源，父母是人的本源。人处于困境就会追念本源，所以到了极其劳苦疲倦的时候，没有不叫天的；遇到病痛忧伤的时候，没有不叫父母的。

根：gēn　植物生长于土中或水中吸收养料的部分。小篆写作。形声字，从木，艮声。《庄子 · 至乐》：“乌足之根为蛴螬，其叶为胡蝶。”意思是说，乌足这种植物的根能变化生成金龟子的幼虫，它的叶子能变化生成蝴蝶。《史记 · 龟策列传》：“伏灵者，千岁松根也，食之不死。”西汉刘安《淮南子 · 俶真训》：“根茎枝叶，青葱苓茏。”唐朝魏征《谏太宗十思疏》：“斯亦伐根以求木茂，塞源而欲流长者也。”引申指事物的本源、根由、依据，如《淮南子 · 原道训》：“万物有所生，而独知守其根。”南宋陈亮《与彭子寿祭酒》：“然病之生也，有根有柢。”或引申作动词，生根、扎根义，如《淮南子·原道训》："夫萍树根于水，木树根于土。"《孟子·尽心上》："君子所性，仁义礼智根于心。"

树根是树木的重要营养器官。根的功能之一，将树木整体固定于土壤中，使整个树体维持重力平衡，支撑整棵树木，使之能挺立在地面上；功能之二，吸收土壤中的水分和水溶性的无机盐等营养，将其提供给树干和树叶；功能之三，有些树木的根可形成不定芽而具有繁殖作用。

树根在土壤中呈垂直和水平状分布，有明显的趋水性和趋肥性。据研究，在自然条件下，根系的深度和宽度往往是树冠面积的5～15倍。所以，我们平常所看到的一棵大树，跟它的地下部分比较起来，实际上只是很小的一部分。

根

许多树根具有药用价值。如木棉的根味甘，性凉，有收敛止血、散结止痛的功效，主治慢性胃炎、胃溃疡、赤痢、瘰疬、产后浮肿等；枣树根能治关节酸痛、胃痛、吐血、血崩、风疹等；猕猴桃树根有清热、利尿、活血、消肿功效，可治跌打损伤、骨折肿痛、腹泻、水肿、脱肛等。

树根还能制作根雕。根雕是以树根的自生形态及畸变形态为艺术创作对象，通过构思立意、艺术加工，创作出人物、动物、器物等艺术形象作品。根雕艺术是发现自然美而又显示创造性加工的造型艺术，所谓“三分人工，七分天成”，就是说在根雕创作过程中，主要利用根材的天然形态来表现艺术形象，辅助性进行人工处理修饰，有所为而有所不为。因此，根雕又被称为“根的艺术”或“根艺”。根雕艺术在中国的发展历史可谓源远流长。早在远古时期，人们就已经会雕刻木像做装饰品。1982 年，湖北省荆州地区博物馆清理马山一号楚墓时发现了根雕艺术作品《辟邪》，据考证，该文物制作于战国晚期，在公元前 340 年到公元前 270 年之间，距今 2 300 年左右。其形为虎头、龙身、兔尾的四足怪兽，极富动势神韵，色彩古朴典雅。到了隋唐时期，根艺的发展已经趋于繁荣。而到了现代，根艺的创作水平更是达到了一个新的顶峰。

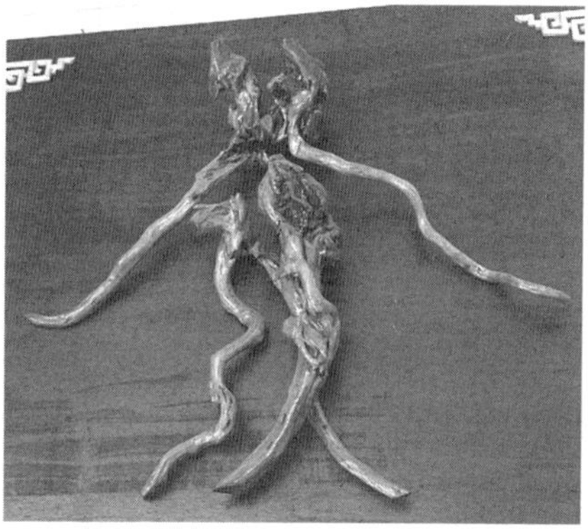

根艺

柢： dǐ　植物的根。小篆写作。形声字，从木，氐声。《说文》：“柢，木根也。”《尔雅 · 释言》：“柢，

本也。”本、根、柢一般而言是同义词，所指相同，都是指植物的根部。不过有些文献中所指有细微差别，是近义词，如《说文通训定声》：“蔓根为根，直根为柢。”即根是指呈水平状蔓延的根，柢是指连接主干呈垂直状的直根。《老子》：“是谓深根、固柢，长生、久视之道也。”引申指事物的本源或基础，如《红楼梦》：“论起荣华富贵，原不过是过眼烟云；但自古圣贤，以人品根柢为重。”茅盾《残冬》：“后来村里的青年女人又要追问根柢了。”

株：zhū　露出地面的树根，树桩。小篆写作。形声字，从木，朱声。《说文》：“株，木根也。”段玉裁《说文解字注》：“株，今俗语云椿。”《韩非子·五蠹》：“田中有株，兔走触株，折颈而死。”

（2）茎类。

茎：jīng　（草本）植物的主干中轴部分。小篆写作。形声字，从艸，巠（jīng）声。《说文》：“茎，枝柱也。”《荀子·劝学》：“西方有木焉，名曰射干，茎长四寸。”《楚辞·九歌》：“秋兰兮青青，绿叶兮紫茎。”

一般而言，茎和干是同义词，不过有时所指有细微差别，草本植物的主干称为茎，木本植物的主干称为干，是近义词。引申作量词，指长条形的东西，如唐朝诗人卢延让的《苦吟》：“吟安一个字，捻断数茎须。”

干（榦）： gàn （木本）植物的主干。“榦”字简写为“干”字。金文写作，小篆写作。形声字，从木，倝（gàn）声。“榦”的本义原指筑墙木，即筑土墙时两边所用的主柱。古代筑墙时，用土夯实墙体，两边用木柱作支撑固定。《说文》：“榦，筑墙耑（端）木也。”意即“榦”是筑墙两边所用的木柱。后引申指主柱、植物的主干，如西汉刘安《淮南子 · 主训》：“故枝不得大如榦，末不得强于本。”明朝地理学家徐霞客《徐霞客游记》：“柏虽大榦如臂，无不平贴石上，如苔藓然。”

枚： méi 树干。小篆写作。会意字，从木，从攴（pū，小击，轻敲。因为木条做成杖后可用来敲击物体，故从攴）。《说文》：“枚，干也，可为杖。”《诗经 · 周南 · 汝坟》：“遵彼汝（汝水，淮河的支流，源出河南省）坟（大堤，堤岸），伐其条枚。”意思是沿着汝

河堤岸走，砍伐树的枝干。后引申作量词，相当于“件”、“条”、“块”、“个”等，如《史记·货殖列传》：“木器髹（涂漆）者千枚。”北魏贾思勰《齐民要术》：“得鲤鱼长一尺者一万五千枚。”北魏郦道元《水经注》：“土中得玉璧七枚。”唐朝王梵志《贫穷田舍汉》：“如此硬穷汉，村村一两枚。”《西游记》：“六枚都使升空法，云端里面各翻腾。”

（3）枝类。

枝干

枝：zhī　树干上旁生的小条。小篆写作。形声字，从木，支声。《说文》：“枝，木别生条也。”唐朝杜甫《江畔独步寻花》：“黄四娘家花满蹊，千朵万朵压枝低。”南宋洪迈《容斋续笔》记黄庭坚诗句：“归燕略无三月事，高蝉正用一枝鸣。”意思是即将飞回南方的燕子已经不像三月间那样忙于筑巢育雏了，蝉正凭附在高高的树枝上鸣叫着。引申作量词，指长条形的东西，相当于后来的“支”，如北宋苏轼《惠崇春江晚景》：“竹外桃花三两枝，春江水暖鸭先知。”

杈：chà　枝条，树干的分枝或树枝的分岔。小篆写作。形声字，从木，叉声。《说文》：“杈，枝也。”《方言》：“江东谓树歧曰杈桠。”唐朝杜甫《雕赋》：“击丛薄之不开，突杈枒而皆折。”清朝王士禛《池北偶谈》：“有兰寄生，长松杈桠间，可径丈，葳蕤四垂。”

条：tiáo　枝条，小枝。小篆写作，繁体字写作“條”。形声字，从木，攸声。《说文》：“条，小枝也。”明朝袁宏道《满井游记》：“柳条将舒未舒，柔梢披风。”清朝龚自珍《病梅馆记》：“斫其正，养其旁条。”后引申作量词，泛指长条形的物体，如唐朝沈佺期《奉和春日幸望春宫应制》：“杨柳千条花欲绽，葡萄百丈蔓初萦。”又如一条街、一条河、一条山脉、一条裤子等。

（4）叶类。

叶（葉）：yè　植物的叶片。小篆写作。形声字，从艸，枼（yè）声。《说文》：“叶，草木之叶也。”

“葉”是“叶”的本字。今天的“叶”字，原是“协”的本字，十口所同、同众之意，亦即协同、齐心协力之意，是个会意字，如《新唐书》：“逢吉与李程同执政，不叶。”后来假借“叶”字代替“葉”字来表示“叶片”义，“葉”字就废弃了，并另造出“协”字来代替“叶”字表示“协同、齐心协力”义。《诗经·卫风·氓》：“桑之未落，其叶沃若。”《国语·晋语九》：“人之有学也，犹木之有枝叶也。”引申为量词，比喻扁平轻小像叶子的东西，如唐朝李商隐《无题》：“万里风波一叶舟。”北宋苏轼《赤壁赋》：“驾一叶之扁舟，举匏樽以相属。”

叶是植物进行光合作用，制造养料，进行气体交换和水分蒸腾的重要器官，并通过蒸腾作用给根系提供从外界吸收水和矿物质营养的动力。有叶片、叶柄和托叶三部分的称“完全叶”，如缺叶柄或托叶的称“不完全叶”。叶片是叶的主体，多呈片状，有较大的表面积接受光照和与外界进行气体交流及水分蒸散。叶片的上下表皮起保护作用，并通过气孔从外界取得二氧化碳，向外界放出氧气和水蒸气；上下表皮间的叶肉组织富含叶绿体，是进行光合作用的场所；叶片内分布的维管束称叶脉，是叶内物质输导的管道。

叶对自然界和人类的贡献十分突出。它可以制造氧气，一片森林，就是一个天然大氧吧，也是一座天然氧气制造工厂。据统计，1 公顷森林一年可以生产 12 吨氧气，全世界的森林一年共可生产 459 亿吨氧气，同时吸收掉近千亿吨二氧化碳。如果是 1 公顷的阔叶林，则一天可以消耗掉 1 吨二氧化碳，释放 0. 73 吨氧气，可供 1 000 人使用一天。它可以调节气候，植物形成 1 千克干物质，需要蒸腾 300 ~ 400 千克的水分。叶片的蒸腾作用可生成云雾，增加空气湿度，促进降雨，改变周边环境气候，防止旱灾发生。它可以杀菌消毒，许多植物的叶子能分泌杀菌素，这些植物的叶子是大自然空气的净化器。据测定，1 公顷松树林，每昼夜能向空气中分泌出大约 5 千克的挥发性杀菌素，柏树的分泌量更高达 30 千克，它们可以杀死白喉菌、肺结核菌、痢疾菌等多种病菌。因此，针叶林里的空气特别清洁、新鲜。工农业生产过程中排出的大量有害气体，如二氧化硫、氟化氢等，有些植物如夹竹桃、美人蕉、月季、丁香、银杏、洋槐、泡桐、梧桐、黄杨树的叶子能够吸收。叶子可以过滤尘埃，叶片的表面粗糙，而且多生有茸毛，有的还能分泌油脂和黏性物质，这些都能吸附、滞留空气中的一部分粉尘，净化空气。它可以降低噪音，据测定，一条 40 米宽的林带，可以把噪音减低 10 ~ 15 分贝；30 米宽的林带可以减低 6 ~ 8 分贝；城市公园里的成片树木作用更大，可减低 26 ~ 43 分贝；绿化的街道，枝叶繁茂，可以减低噪音 8 ~ 10 分贝。它可以预报气象和地震，如在下雨之前滴水观音花会滴水，地震前树叶会不同寻常地掉落。它还可以为人类提供食物、药品和能源，制成纸张等等。

树叶

树叶“情书”传情：云南山区的景颇族青年男女们的情书，往往不是用文字写成的，而是以树叶代替的。不同的树叶，代表不同的语言，表达不同的含义。例如：白花树叶代表“想念”，黄豆树叶代表“好好的（别牵挂）”，小黑豆树叶代表“一心（只爱你一个）”，竹叶代表“悄悄地（来幽会）”，蕨叶、酸母叶代表“一定要来（赴约）”等。把代表一定含义的树叶按不同的顺序排列起来，就能表达一个完整的意思。比如按照白花树叶、黄豆树叶、小黑豆树叶、竹叶、蕨叶、酸母叶的顺序排列下去，那么，这一叠树叶“情书”所表达的意思便是：“我一心思念的人只有你一个，我们应该好好地面谈。最好是悄悄地来，一定不要失约。”这种树叶“情书”，只能用大芭蕉叶做“信封”，即用大芭蕉叶把叠放有序的树叶包裹起来，扎成一个小包。传递这种“情书”的“绿色邮差”，大都是小伙子或姑娘的知心朋友。“情书”传递出去以后，如果对方有意，也会用树叶“写”一封回“信”，并会如期赴约；如果对方无意，也可能“写”一封回“信”，不过，这“信”却是由芭蕉叶包着的一堆杂乱无章的树叶构成，如酸杷叶、野枇杷树叶、白树叶、香柏枝叶等，意思是说：“小伙子（小姑娘），你说的话太多了，再多也是空的，我不和你谈情说爱。”

（5）花类。

花（华）：huā　花朵。金文写作，像一朵完整繁复的花；小篆写作，会意字，从艸，从。《说文》：“华，荣也。”“华”（繁体写作“華”）是“花”的本字。今天的“花”字，始见于北朝，为“华”的俗体字。后以俗体“花”字代替正体“华”字专用于表示“花朵”义，以正体“华”字专用于表示“华丽”、“华夏”等义。《尔雅·释草》：“木谓之华，草谓之荣。”意思是木本植物的花叫作“华（花）”，草本植物的花叫作“荣”。不过一般情况下，木本与草本植物的花都可以通称为“华（花）”，不必如此细分。《诗经·周南·桃夭》：“桃之夭夭，灼灼其华。”唐朝白居易《买花》：“一丛深色花，十户中人赋。”引申指形状像花朵的东西，如南宋赵师秀《约客》：“有约不来过夜半，闲敲棋子落灯花。”北宋沈括《梦溪补笔谈·杂志》：“今人于春、秋分夜半时，汲井水满大瓮中，封闭七日，发视，则有水花生于瓮面，如轻冰，可采以为药。”或引申作动词，开花义，如西汉刘安《淮南子·时则训》：“桃李

始华。”《左传·文公五年》：“且华而不实，怨之所聚也。”华而不实，开花而不结果，比喻外表好看，内里空虚，表里不一，名不符实。

花是被子植物（又称有花植物）的繁殖器官，其生物学功能是结合雄性精细胞与雌性卵细胞以产生种子。这一进程始于传粉，然后是受精，最后形成种子并加以传播。对于高等植物而言，种子便是其下一代，而且是各物种在自然分布的主要手段。花在生活中亦常被称为“花朵”、“花卉”、“花儿”。花卉广义上可指一切具有观赏价值的植物，狭义上则单指所有的开花植物。花儿历来广受人们的喜爱，主要用于美化环境、交流情感，而且有的还可以制成食物、药品、饮品等。

许多花在东西方文化中都被赋予了特定的内涵。在中国传统文化中，不少花卉都被赋予了美好的性格特征，例如梅花象征着民族之风骨，菊花象征着文人之高洁，牡丹象征着富人之华贵，兰花象征着君子之气节。而在西方文化中，对各种花赋予的各种象征意义被称为花语，例如红玫瑰象征爱情、美丽和热情，罂粟花象征对死亡的悼唁，鸢尾和百合在葬礼中象征着复活和生命等。此外，在世界上的许多文化中，花是女性的象征。

昙花：“昙花一现”是人们所熟知的成语。《现代汉语词典》注解说：“昙花开放后很快就凋谢，比喻稀有的事物或显赫一时的人物出现不久就消逝。”这个解释很容易为读者理解和接受，因为许多人对昙花这种植物并不感到陌生。然而，从词的本源上考察，“昙花一现”里的昙花，并不是今天人们所熟悉的那种观赏植物。成语“昙花一现”出自佛经。昙花，是梵语音译优昙钵花（Udumbara）的略称。《法华经·方便品第二》：“佛告舍利弗，如是妙法，诸佛如来，时乃说之，如优昙钵花，时一现耳。”《法华经·文句四上》说优昙钵花“三千年一现，现则金轮王（统治四大部洲的佛）出”。这些说法告诉人们，优昙钵花是很难得“一现”的，而且它的“一现”又跟“金轮王出”联系着，这就更给它罩上了一层神秘色彩。于是，有人就把优昙钵花叫作“天花”，也有人说它是“想象中的植物”。其实，优昙钵花并不是子虚乌有之物，唐朝释玄应所撰《一切经音义》描述它的形态说：“叶似梨，果大如拳，其味甘。无花而结实。”据此，可以推断它属于无花果类植物。明朝李时珍在《本草纲目》中则明确地肯定：“无花果乃映日果，即广东所谓优昙钵。”优昙钵花的开放，并非要经历 3 000 年这样难以想象的长久时间。北宋苏轼《赠蒲涧信长老》中有“优钵昙花岂有花，问师此曲唱谁家”的诗句，根本否认它能开花，则更是不实之词。优昙钵花是无花果树的一种，雌雄异花，花隐于花托内，从外面看只见果而不见花。由于这一特点，人们对它的“一现”产生了许多神奇的想象。总之，“昙花一现”里的昙花原本指的是优昙钵花，这个成语原来的意思是比喻事物稀有或极难得出现。后来，随着时间的推移，这个成语的意义渐渐发生了变化，人们常常用“昙花一现”比喻事物出现后很快就消逝。同这个后起的意思相应，原来属于无花果类的优昙钵花被“移花接木”，转换成了仙人掌科植物昙花了。这种植物原产热带美洲，现在我国各地都有栽培。其花在夜间开放，绚丽夺目，幽香四溢，可惜开放时间太短，只几个小时便萎谢了。人们用它来比喻转瞬即逝的事物，的确也十分贴切。

大王花*

大王花：在马来西亚、印度尼西亚的苏门答腊和爪哇岛等热带森林中，生长着世界上最大、最臭的花——大王花。大王花直径可达 1.4 米，重量可达 15 公斤。一朵花有 5 片又大又厚的花瓣，花瓣厚约 1.5 厘米，长30 ~ 40 厘米，仅花瓣就有 6 ~ 7 公斤重。花的中心有个洞，像个面盆，可盛 7 ~ 8 公斤重的水，甚至可以藏下一个小孩。它的花冠通常呈鲜红色，上面有点状白斑，看上去绚丽而又壮观。但是这种花散发出刺激性的腐臭气味，像粪便、腐烂的尸体一样臭不可闻，比起“天下第一香”的兰花来，真是有天壤之别。因此，蝴蝶、蜜蜂都不愿理睬它，只有苍蝇和一些逐臭昆虫乐意来为它传粉。大王花不但奇臭无比，而且还很“懒”。因为它是寄生植物，专靠吸取别的植物，尤其是藤本植物的营养来生活，所以它没有叶子，也没有茎，花朵几乎就是身体的全部了。大王花一生只开一朵花，花期只有四五天。花期过后，大王花逐渐凋谢，颜色慢慢变黑，最后变成一摊黏糊糊的黑色东西。不过受过粉的雌花，会在以后的7个月渐渐形成一个腐烂的果实，里头隐藏着许许多多细小的种子。由于大王花从别的植物上吸收来的营养几乎全部用来供应花的生长，所以它的种子很小，用肉眼几乎难以看清。它的种子传播方式也有点“懒”，它的种子带有黏性，当大象或其他动物踩上它时，会将它带到别的地方生根、发芽，进行繁殖。种子萌发时体积膨大，外皮被冲破，长出形状像洋白菜一样的芽。它刚冒出地面时，大约只有乒乓球那么大；经过几个月的缓慢生长，逐渐变成甘蓝菜般大小；接着5片肉质的花瓣缓缓张开，两天两夜后花儿完全绽放。但是大王花好不容易开出来的巨大花朵，只能维持4~5天，而在这4~5天中，它会不断地释放出臭气。

花历：花历是人们根据一年之中各种花的盛开和凋落时间排列的历表。因为通常是按照月份来分的，所以又称为“花月令”。它具有反映花时、节气和指导种植的功能。花历历史悠久，早在夏朝的《夏小正》中就有关于花历的零星记载。花历虽然简略，但具有一定的概括性和代表性。根据花历，自古以来中国民间就流行把农历十二个月以花名作为代称的用法，一个月份和一种花卉相对应，别有一番趣味：正月梅花，二月杏花，三月桃花，四月蔷薇，五月石榴花，六月荷花，七月凤仙花，八月桂花，九月菊花，十月芙蓉花，十一月山茶花，十二月蜡梅花。例如“杏月”是指农历二月，“榴月”是指农历五月，“菊月”是指农历九月等。但是我国地域广袤，气候差异很大，各种花卉盛开的日期也不尽相同，因此，各个地方的花历还存在一定差别。例如在有些地方的花历中，四月是牡丹花，七月是玉簪花，十月是兰花，十一月是水仙花。此外，除了中国有花历外，西方基督教文化里也有花历，因为教会在纪念圣人时，常以盛开的花朵点缀祭坛，不同的圣人常与特定的花朵联系在一起，久而久之，教会便将366天的圣人分别和不同的花朵结合，形成花历。例如一月一日是绣球花（Laurustinus），代表“希望（Hope）”；十二月三十一日是雨伞花（Pentas Lanceolata），代表“伟业（Great Work）”。

（6）果类。

果： guǒ　（木本）植物的果实。甲骨文写作，金文写作，小篆写作。象形字，像树上结的果实形状。《说文》：“果，木实也。从木，象果形在木之上。”《礼记·王制》：“果实未熟，不粥于市。”《吕氏春秋·贵信》：“华不盛，则果实不生。”《朱子语类》：“天之生物莫不各有躯壳，如人之有体，果实之有皮核。”明朝刘基《卖柑者言》：“杭有卖果者，善藏柑。”果原本

指木本植物的果实，后也包括草本植物的果实。又引申指事情的结局，如《论语 · 学而》："言必信，行必果。"意思是言而有信、行而有果，说过的话一定要守信用，做事一定要干出个结果。或引申指事业的成果，如毛泽东《抗日战争胜利后的时局和我们的方针》："抗战的胜利应当是人民的胜利，抗战的果实应当归给人民。"

水果*

果实是被子植物的花经传粉、受精后，由雌蕊的子房和花的其他部分（如花托、花萼等）参与发育而形成的具有果皮及种子的器官。果实一般包括果皮和种子两部分，其中种子起着传播与繁殖的作用。果实的种类繁多，与人类的生活极为密切。在人类的食物中，大部分是禾谷类植物的果实，如水稻、小麦和玉米等。人们常吃的果品，如苹果、桃、柑橘和葡萄，它们富含葡萄糖、果糖与蔗糖，以及各种无机盐、维生素等营养物质，而且这些美味可口的果实不仅可以直接食用，还能加工成果干、果酱、蜜饯、果酒、果汁和果醋等各类饮食品。此外，枣、茴香、木瓜、柑橘、山楂、银杏、龙眼等果实或果实的一部分还可入药。

水果有解酒功能。饮酒过量后，可以吃一些带酸味的水果，或饮服 50～100 克干净的食醋解酒。因为水果含有机酸，例如青梅富含果酸，苹果含有苹果酸，柑橘含有柠檬酸，葡萄含有酒石酸等，而酒的主要成分是乙醇，有机酸能与乙醇相互作用而形成酯类物质，从而达到解酒的目的。同样道理，食醋也能解酒是因为食醋里含有 3%～5% 的乙酸，乙酸能跟乙醇发生酯化反应生成乙酸乙酯。尽管带酸味的水果和食醋都能使过量乙醇的麻醉作用得以缓解，但由于上述酯化反应在体内进行时受到多种因素的干扰，效果并不十分理想。

不少人养成了“饭后吃水果”的习惯，但其实这种吃法是不科学的，原因有四：一是水果易与食物一起阻滞在胃部，造成胀气、便秘等；二是水果中含有较多糖类，例如葡萄糖、果糖等，饭后马上吃水果会增加肠胃以及胰腺的负担，尤其是有些水果淀粉含量高，不易消化；三是水果含丰富的纤维素、半纤维素，都有较强吸水性，吸水后膨胀会增加饱胀感，当纤维素过多的时候，还会影响维生素、微量元素的吸收；四是需要减肥的人群，如果饭后大量吃水果，会因能量过剩而更加肥胖。相反，饭前一小时左右进食一定量的水果有很多好处：一是水果中的许多成分均是水溶性的，如维生素 C 以及可降低血液中胆固醇水平的可溶性的植物纤维、果胶等，其消化吸收不需要复杂消化液的混合，可迅速通过胃进入小肠被吸收，空腹时的吸收率要远高于吃饱后的吸收率；二是饭前吃水果有利于健康饮食“八分饱”的把握，水果是低热量食物，其平均热量仅为同等重量面食的四分之一以及同等重量猪肉等肉食的约十分之一，先进食低热量的食物比较容易把握总的摄入量；三是许多水果本身容易被氧化而腐败，先吃水果可缩短其在胃中的停留时间，降低其氧化腐败程度，减少可能对身体造成的不利影响。

蓏：luǒ　草本植物的果实。小篆写作。会意字，从艸，从㼌（yǔ）。《说文》：“在木曰果，在地曰蓏。”清朝段玉裁《说文解字注》：“在木曰果，在艸曰蓏。”唐朝孔颖达曰：“木实曰果，草实曰蓏。”《韩非子·五蠹》：“民食果蓏蜯蛤。”

瓜：guā　藤蔓类植物所结的果实。金文写作，小篆写作。象形字，两边像瓜蔓，中间像果实，是藤上结瓜的形象。《诗经·豳风·七月》：“七月食瓜，八月断壶。”《诗经·卫风·木瓜》：“投我以木瓜，报之以琼琚。”《齐民要术》：“二月辰日宜种瓜。”引申指形状像瓜一样的东西，如古代的一种兵器叫“金瓜”，棒端呈瓜形，金色；或引申作动词，结瓜、瓜熟义，如《左传·庄公八年》：“齐侯使连称、管至父戍葵丘。瓜时而往，曰：‘及瓜而代。’”意思是齐侯派遣连称、管至父

二人去戍守葵丘边境，出发的时候正好是瓜成熟的时节（指七月），齐侯对他们说：“等到明年瓜成熟时，我再派人代替你们戍边。”

丝瓜

瓜的种类有很多，例如冬瓜、南瓜、西瓜、北瓜、黄瓜、白瓜、苦瓜、香瓜、丝瓜、番木瓜等。其中最受人喜爱的种类之一是西瓜。盛夏时节，人们最喜爱的消暑盛品非西瓜莫属。关于“西瓜”这个名称，那就说来话长了。其实“西瓜”最初不叫“西瓜”，而是叫“寒瓜”。唐朝文献中，即已有称之为“寒瓜”者，如唐朝李延寿所撰《南史·滕昙恭传》：“（昙恭）年五岁，母杨氏患热，思食寒瓜，土俗所不产。昙恭历访不能得，衔悲哀切。俄遇一桑门问其故，昙恭具以告。桑门曰：‘我有两瓜，分一相遗。’还以与母，举室惊异，寻访桑门，莫知所在。”又如南朝沈约的《行园》诗句：“寒瓜方卧垅，秋菰亦满陂。紫茄纷烂漫，绿芋郁参差。”从诗中谈到寒瓜卧垅的时节看，正跟西瓜相符。晚后的文献中，也不乏“寒瓜”之说，如元朝方夔《食西瓜》诗：“恨无纤手削驼峰，醉嚼寒瓜一百筒。缕缕花衫粘唾碧，痕痕丹血掐肤红。”明朝李时珍《本草纲目 · 果五 · 西瓜》："陶弘景注'瓜蒂'言永嘉有寒瓜甚大，可藏至春者，即此也。盖五代之先，瓜种已入浙东，但无西瓜之名，未遍中国尔。"另外，旧时北京曾称先上市的西瓜为"水瓜"，后上市的为"寒瓜"。根据考古报道，1976 年，广西贵县西汉墓椁室淤泥中曾发现"西瓜籽"；1980 年，江苏省扬州西郊邗江县汉墓随葬漆笥中出有"西瓜籽"，墓主卒于汉宣帝本始三年（公元前 71 年）。如果这些考古证据确实可信的话，那么可以证明起码自西汉始，中国即有西瓜的存在。不过在西汉时期，西瓜应该还是个较为稀罕的物品，只有王侯贵族才能享用到。不然这些西汉贵族们也不会把它们当宝贝一样随葬，而那么多的平民墓中却未见西瓜的踪迹了。时至今日，中国已是世界上最大的西瓜产地和消费地，但关于"西瓜"的产地及得名由来，却说法不一。有说神农尝百草时即已发现西瓜，原名叫稀瓜，意思是水多肉稀的瓜，但后来传着传着就变成了西瓜；有说西瓜并非源于中原地区，而是自西域传来，故名西瓜，如明朝科学家徐光启《农政全书》记载："西瓜，种出西域，故之名。"又如明朝李时珍《本草纲目》记载："按，胡峤于回纥（古居西域）得瓜种，名曰西瓜。则西瓜自五代时始入中国，今南北皆有。"亦有说西瓜源于非洲东北部的埃及，早在四千年前，埃及人就种植西瓜，后来其种植地逐渐北移，由地中海沿岸传至北欧，而后南下进入中东、印度等地，四五世纪时，由西域传入中国，所以称之为"西瓜"；有说中国古代海上通道从非洲大陆起，途经斯里兰卡及南洋诸岛，最终在东南沿海福建一带登陆，西瓜就是沿此路而来。真是众说纷纭，莫衷一是。不过，据1959年2月24日《光明日报》报道，在浙江杭州水田畈新石器时代遗址中发现了西瓜籽。如果这个考古证据确实可靠的话，那么中国有西瓜的历史至少也在四千年以上，这样西瓜原产非洲或者西域的说法，就颇值得怀疑了。

番木瓜

番木瓜，又称木瓜、石瓜、乳瓜、木冬瓜、蓬生果，是十字花目番木瓜科水果。果实长于树上，外形像瓜，故名木瓜。原产于墨西哥南部以及邻近的美洲中部地区，现在世界上热带、亚热带地区均有分布。它大概在17世纪初，即明朝后期时传入中国，因外形与中国木瓜相似，故名"番木瓜"。番木瓜树是常绿软木质小乔木，高8～10米，具乳汁；茎不分枝或有时于损伤处分枝；叶大，聚生于茎顶端；植株有雄株、雌株和两性株；浆果肉质，成熟时呈橙色或黄色，长圆球形，长10～30厘米或以上，果肉柔软多汁，味香甜，可鲜食，榨汁加牛奶，即成"木瓜牛奶"，是台湾的有名饮品，也可加工作降压和美容等用途。

（二）植物分称

植物分称，是某种特定植物独有的名称，它的所指对象为具体的个体，是总体名称所指对象中的一种。

这些具有专名的植物，与人们的日常生活关系最为密切的，根据其功用，大致可以划归为粮食类、蔬菜类、医药类、水果类、花朵类、绿化类，以及其他类别等。

1. 粮食类

中国粮食作物种类繁多，古代有“五谷”、“六谷”、“九谷”、“百谷”的说法，其中以“五谷”之说最为盛行。“五谷”始出于春秋、战国时期，如《论语·微子》：“四体不勤，五谷不分。”但对于“五谷”的具体名称和所指，却有诸多不同见解，如《周礼》、《史记》中指麻、黍、稷、麦、菽；《孟子》中指稻、黍、稷、麦、菽；《管子》中指黍、秫、菽、麦、稻；《楚辞》中指稻、稷、黍、菽、麻；《黄帝内经》中指粳米、小豆、麦、大豆、黄黍；在佛教祭祀时又指大麦、小麦、稻、小豆、胡麻。之所以出现分歧，一个主要原因是当时的粮食作物并不止五种，而各地的作物种类又存在差异，而且即使是同一名称，在不同地区、不同时代所指也可能不同。“五谷”说之所以盛行，或许是受到中国“五行”思想的影响所致。因此，“五谷”其实是一种笼统概括的说法，指的就是几种当时各地最为常见的粮食作物，今天把它看成是粮食作物的统称就可以了。现在通常说的五谷杂粮中的“五谷”指稻谷、麦子、高粱、大豆、玉米，“杂粮”指米和面粉以外的粮食，所以五谷杂粮其实也是泛指粮食。

禾：hé　稻禾，也可作谷类作物的统称。甲骨文写作，金文写作，小篆写作。象形字，像一棵稻禾的形状，上面弯形像所结的稻穗。《说文》：“禾，嘉谷也。二月始生，八月而孰。”唐朝李绅《悯农》：“锄禾日当午，汗滴禾下土。谁知盘中餐，粒粒皆辛苦。”明朝施耐庵《水浒传》第十六回《杨志押送金银担，吴用智取生辰纲》：“赤日炎炎似火烧，野田禾稻半枯焦。农夫心内如汤煮，公子王孙把扇摇。”这是青面兽杨志押送生辰纲行至黄泥冈时，白日鼠白胜扮作挑酒桶的汉子所唱的诗歌。诗中描写了旱情严重的状况，眼看着田里的稻禾枯死，一年收成无望，农夫心内如同一锅正在沸腾的热水在煎熬，而那些公子王孙们，却在悠然自得地摇扇，一副心不在焉的模样，刻画出了两个对立阶级的不同心理和形态。唐朝聂夷中《田家》：“父耕原上田，子劚山下荒。六月禾未秀，官家已修仓。”该诗叙述了田家的辛劳困苦，官家的赋税之重，田里的禾苗尚未结穗，官家已经在修建粮仓，虎视眈眈地盯住那田里尚未成熟的谷物。

稻： dào　稻禾，水稻，籽实叫稻谷或谷子，碾制去壳后叫大米，煮熟后叫米饭，是中国南方的主食。金文写作 ，小篆写作 。形声字，从禾，舀声。《诗经 · 小雅 · 白华》：“滮池北流，浸彼稻田。”《诗经 · 豳风 · 七月》：“八月剥枣，十月获稻。”稻谷在南方自六月至九月成熟收获，北方地寒，至十月才能成熟收获。西汉焦赣所撰《易林》：“蝗啮我稻，驱不可去。实穗无有，但见空藁。”

世界上最早的人工栽培水稻：1995 年 11 月，湖南省考古研究所组织农学专家和其他多学科专家，在湖南省永州市道县的玉蟾岩遗址发现了 4 粒古稻谷。经专家鉴定，这是栽培种，尚保留野生稻、籼稻及粳稻的综合特征，生长时间距今 1.2 万年至 1.4 万年——这是目前世界上发现的最早的人工栽

水稻

培稻标本，刷新了人类最早栽培水稻的历史纪录，也是探索稻作农业起源的时间、地点及水稻演化历史的难得实物资料。这项考古成果被评为1995年全国十大考古新发现。2001年3月玉蟾岩遗址被中国社会科学院列入中国20世纪100项重大考古发现，2001年6月玉蟾岩遗址被国务院批准公布为第五批全国重点文物保护单位。玉蟾岩，成了世界稻作文明起源的“圣地”。2004年11月，中美联合考古队在玉蟾岩遗址再次发现5粒古稻谷。

杂交水稻之父：选用两个在遗传上有一定差异，同时优良性状又能互补的水稻品种，进行杂交，培育出具有杂种优势的第一代杂交种，然后用于生产，这就是杂交水稻。杂种优势是生物界普遍现象，利用杂种优势提高农作物产量和品质是现代农业科学的主要成就之一。袁隆平是中国杂交水稻育种专家、中国工程院院士，被誉为“杂交水稻之父”。他从1964年开始研究杂交水稻技术；1973年实现三系配套；1974年育成第一个杂交水稻强优组合“南优2号”；1975年成功研制杂交水稻种植技术，从而为全国大面积推广杂交水稻奠定了基础；1995年成功研制两系杂交水稻；1997年提出超级杂交稻育种技术路线；2000年实现了农业部制定的中国超级稻育种的第一期目标；2004年实现了超级稻第二期目标，从而使水稻产量由新中国成立初期的亩产200公斤左右提高到800公斤；2013年第四期超级稻百亩示范片中“Y两优900”稻平均亩产达988.1公斤，而他的最终目标，是要实现亩产1 500公斤。由于袁隆平的非凡贡献，他先后获得“国家特等发明奖”、“首届国家最高科学技术奖”等多项国内奖项和联合国“科学奖”、“沃尔夫奖”、“世界粮食奖”等11项国际大奖。有人建议中国政府推荐袁隆平为诺贝尔和平奖候选人，因为“消除贫穷与饥饿才是最好的和平，以袁隆平为中国乃至于世界粮食事业作出的巨大贡献，完全有资格获得诺贝尔和平奖”。国际友人称颂这位“当代神农氏”培育的杂交水稻是中国继指南针、火药、造纸、活字印刷之后，对人类作出的“第五大贡献”。国际水稻研究所所长、印度前农业部长斯瓦米纳森博士对袁隆平高度评价说：“我们把袁隆平先生称为‘杂交水稻之父’，因为他的成就不仅是中国的骄傲，也是世界的骄傲，他的成就给人类带来了福音。”2007年，袁隆平在美国首都华盛顿正式就任美国科学院外籍院士，在出席有数百名世界顶级科学家参加的美国科学院院士年会时，美国科学院院长、诺贝尔化学奖获得者西瑟罗纳先生在新当选院士就职典礼上介绍袁隆平院士的当选理由时说：“袁隆平先生发明的杂交水稻技术，为世界粮食安全作出了杰出贡献，增产的粮食每年为世界解决了3 500万人的吃饭问题。”现在，袁隆平发明的杂交水稻，除在国内迅速推广外，在越南、印度、菲律宾、美国等世界多国尤其是亚非拉国家大面积种植，取得了显著的增产效果。袁隆平真是当之无愧的“杂交水稻之父”。

黍：shǔ　黍子，黄米。甲骨文写作，金文写作

，小篆写作。形声字，从禾，雨省声。《说文》：“黍，禾属而黏者也。”黍是一年生草本植物，籽实淡黄色，去皮后称黄米，比小米稍大，煮熟后有黏性，可以酿酒、做糕点等。《诗经·魏风·硕鼠》：“硕鼠硕鼠，无食我黍！”意思是大老鼠啊大老鼠，不要吃我的黍米。《论语·微子》：“（丈人）止子路宿，杀鸡为黍而食之。”意思是有位老人家留子路在自己家歇宿，并且杀鸡、做黍米饭给子路吃。

中国最早的谷类作物中，黍、稷的地位十分显要。在麦类食物尚未普遍进入寻常百姓家的漫长历史中，黍、稷是北方中国人的日常主食。在《诗经·小雅·楚茨》中有“自昔何为？我艺黍稷。我黍与与，我稷翼翼。我仓既盈，我庾维亿。以为酒食，以享以祀”之句，描写了从古至今先民们都种植黍稷，并且丰收的情景。从近现代黄河中上游及其支系渭河、汾河流域的作物分布和民间日常食物来看，以黍米（黏黄米）、稷子米（糜子米）、粟米这三种黄色米类为主食的民众仍远比吃燕麦、小麦的多。

在中国最早的度、量、衡制中，皆曾以黍为单位。如中国古代测长度的用具叫作“度尺”，又称“黍尺”，因为这种尺的标定依据以黍粒为准，每一颗黍粒的长度为一分，十颗为一寸，百颗为一尺，千颗为一丈。在测定器物容量的单位中，有合、升、斗等，它们也同样是以黍粒为准的，每一千二百颗黍粒为一合，一万二千颗黍粒为一升，十二万颗黍粒为一斗。在测定物体重量的单位中，有累、铢、龠、两等，也是以黍粒为准的，十黍为一累，百黍为一铢，十二铢为一龠，即一千二百黍，二十四铢为一两，即二龠为两，或者说“两”是十二铢的两倍重量，这也正是“两”这个重量单位得名的由来。从这些最早的度、量、衡制所依据的标准，可以想象黍在人们日常生活中的常见性、重要性，也可以断定黍在古老的农耕时代中占有主流优势。

此外，从沿袭至今的饮食礼仪风俗来看，也可以推测黍米在百姓日常生活中的重要性。如北方农家婚礼中流传至今的美食“黄米喜糕”，及陪嫁品“酸饭罐”。“黄米喜糕”是婚礼当日清晨至中午的喜宴的待客菜肴之一，主人制作油炸黄米黏糕款待宾客，俗称“吃喜糕”。“酸饭罐”是新娘带到婆家去的陪嫁品，罐中存放不十分成熟的黄米黏粥，待发酵成酸饭时加热，酸味满屋扑鼻，用来款待亲友。又如北方农家死丧停灵时所供的“倒头饭”，是在停尸或入棺前后，在死者头前供满一碗黄米黏饭，饭半生不熟，堆填碗中成漫尖，拍实，然后在上面插一双筷子，一直供到死者出殡为止，用它供祭死去的亲人是为了让死者吃饱上路，顺利到达阴间。又如每年冬祭的“腊八粥”，是每年农历十二月初八用来祭祀包括稷神在内的八个农业主管神的，须选用八种米和豆类作物做成黏粥，其中主要成分是黄米；做好粥后，先将粥糊撒到田地头、水井边、犁杖旁、牛圈马槽上、地边树干上、土地庙前，表示谢神，随后全家老幼团聚喝腊八粥，庆祝丰收，祈望诸神保佑。婚丧祭祀，是古人最为重视的大事情，而黍米在其中扮演了重要的角色。

黍离之悲：又称“黍离之哀”、“黍离之痛”、“黍离之叹”，指亡国之痛与对国家衰败的伤感。源于《诗经·王风·黍离》：“彼黍离离，彼稷之苗。行迈靡靡，中心摇摇。知我者，谓我心忧，不知我者，谓我何求。悠悠苍天，此何人哉！彼黍离离，彼稷之穗。行迈靡靡，中心如醉。知我者，谓我心忧，不知我者，谓我何求。悠悠苍天，此何人哉！彼黍离离，彼稷之实。行迈靡靡，中心如噎。知我者，谓我心忧，不知我者，谓我何求。悠悠苍天，此何人哉！”这首诗，据说是西周灭亡后，一位曾经担任周朝大夫的人长途跋涉来到西周都城宗周时，见宗庙宫室，尽已颓废，断瓦残垣之间，黍草茂密，满目荒凉，不由得触景伤怀，感慨万分，怜悯痛惜，彷徨蹒跚，不忍离去，因而吟作，表达了诗人对国家昔盛今衰、今非昔比的痛惜伤感之情。

稷： jì　金文写作，小篆写作。形声字，从禾，畟声。

稷是一种从古代就普遍种植的农作物，但古人以为其人人皆知而未给予明确细致的描述，反而让后人茫然。南北朝以来，人们对于稷到底是哪种农作物，一直争论不休，有说是粟的，有说是黍的，有说是高粱的。《本草纲目》：“黏者为黍，不黏者为稷”，意思是稷与黍属同一类的两个品种，质黏的是黍，不黏的是稷。现在一般认为稷应该是指今天的粟。

粟是一年生草本植物，子实为圆形或椭圆形小粒。北方通称“谷子”，去皮后称“小米”。它是一种耐旱和耐贫瘠的植物，而且生长期又比较短，非常适合中国北方旱地种植。先秦时期农业采用刀耕火种的生产方式，技术相当原始，所以这种作物能够率先从百草中脱颖而出，被古代中国人选为当时的主要食物。由于粟在夏朝和商朝社会占有重要的地位，该时期还被人们称为“粟文化”时期。

《逸周书 · 佚文》在记述神农氏首创农耕时说：“天雨粟，神农耕而种之”，西汉刘安《淮南子 · 本经训》描绘仓颉造字时的情景为“天雨粟，鬼夜哭”，都是说粟从天而降，上天神灵赐粟于人，把粟神奇化了。虽然故事情节荒诞不经，不足为信，但农耕肇兴与文字诞生这两件中华文明起源过程中的大事都同粟关联起来，可见在先民的思想认识中，粟的地位是多么重要。

小米*

在不少古代典籍中，稷被称为“五谷之长”、

"百谷之主"，也正因为如此，所以稷在古代还可以作为五谷、百谷、农作物的总称，例如古代主管农作物的神，名字也叫作稷，亦称后稷。东汉蔡邕《独断》："以稷五谷之长也，因以稷名其神也。"据说后稷小时候就有远大的志向，喜欢收集各类野生植物种子，并种到地里去。他长大成人后，很快成为种地好手，能因地制宜，适时播种，收割各类农作物，周围的百姓都依法仿效，后稷也因此而远近闻名。他所种的谷物"实方实苞，实种实褎，实发实秀，实坚实好，实颖实粟"，很受人们称赞。尧帝听说此事后，就聘请后稷为农师，让他管理与指导天下有关农业各方面的事情。由于他发展农业有功，尧帝封其于邰地，号曰后稷，别姓姬氏，成了周民族的始祖。从汉朝以来，中国所有郡县都设有稷神祭坛，通常每年大祭三次：农历二月十五日、八月十五日、十二月初八日。唐朝还实行过每年四季各祭一次，共祭四次的制度。明朝又改为在县以下的里（乡），每百户人家设一个稷神方坛，命百姓祭五谷之神。到了清朝，县乡求雨抗旱时也到祭坛祭祀稷神。《孝经纬》："稷，五谷之长也，谷众不可遍祭，故立稷神以祭之。"

另外，在粤语里也称玉米为粟或粟米。真是一名多物，名同实异，纷繁杂乱，不易分辨。玉米又称玉蜀黍、苞谷、苞米、棒子等，是世界上分布最广泛的粮食作物之一，也是全世界总产量最高的粮食作物，种植面积仅次于小麦和水稻而居第三位，种植范围从北纬58°（加拿大和俄罗斯）至南纬40°（南美），世界上整年每个月都有玉米成熟。玉米是一年生禾本科草本植物，原产于拉丁美洲的墨西哥和秘鲁沿安第斯山麓一带。1492 年哥伦布在古巴发现玉米，1499 年把玉米带到西班牙，随着世界航海业的发展，玉米逐渐传到了世界各地。玉米在中国出现的时间较晚，由明朝从麦加朝觐的穆斯林传入中国。到明朝末年，玉米在中国的种植范围已达十余省。至2012 年，中国玉米产量为20 812 万吨，超过稻谷产量383 万吨，玉米已取代稻谷成为中国第一大粮食作物。

玉米

麦：mài　麦子。甲骨文写作，金文写作，小篆写作。会意兼形声字，从夊，从来，来亦声。《说文》：“麦，芒谷。”意即麦子是有芒刺的谷子。稻谷也有芒刺，但没有麦子的芒刺那么长。《诗经 · 鄘风 · 桑中》：“爰采麦矣，沬之北矣。”意思是到哪里去采摘麦子呢？就在卫国沬邑的北边。《诗经 · 鄘风 · 载驰》：“我行其野，芃芃其麦。”意思是我行走在田野间，（田野里的）麦子生长得非常茂盛。《诗经 · 魏风 · 硕鼠》：“硕鼠硕鼠，无食我麦！”意思是大老鼠啊大老鼠，不要

吃我的麦子。

麦子是一年生或二年生草本植物，有小麦、大麦、燕麦、黑麦等种类。籽实主要做粮食或做精饲料，酿酒，制作饴糖。麦秆可作编织或造纸原料。

麦子*

小麦是中国北方的主食，而稻谷是中国南方的主食。因为小麦耐旱耐寒，水稻喜湿喜高温。在南方，温度较高，雨量相对充足，更适宜种植水稻；而在北方，温度相对较低，降雨量也相对较少，更适宜种植小麦。水稻种植在水田里；小麦种植在旱田里。麦子去壳后磨成面粉，可以制作面条、包子、馒头、水饺、饼干、面包等；稻谷去壳后称为大米，可以煮米饭，做粽子，酿米酒、米醋，磨成粉后还可做米粉、米线等。

“麦梢黄，女看娘，嫂子争着要吃糖”，这是关中流行的一段民谣。关中自古盛产小麦，麦熟收割前夕，出嫁的女儿要回娘家探望，称为“看忙”，也称“看麦熟”。“看忙”是关中的一种风俗，女儿回娘家时，一般会携带上孝敬父母的礼品，刚出嫁一年的女儿，由女婿陪同去看父母，礼仪更隆重。通常携带的礼品有烟、酒、茶、糖、夏令食品，更少不了的是花馍。女儿临走前，娘家人回赠鸡蛋、油饼，还有汗衫、凉席，给外孙裹兜、糖果，有的还会给女婿送新草帽、镰刀等，以示让他好好工作，获得丰收。等颗粒归仓，夏收忙完，称为“忙罢”，这时娘家人要回访女儿家，拜望亲家母，这称为“看忙罢”。这时传统的礼物是用新麦粉蒸的“曲莲”，这是一种圆形而中间有孔的馍，有的还雕塑成吉祥图案，点上颜色，更为好看，吃起来也更有滋味。有的婆家还会把这些馍分给全村人品尝，让大家一同分享丰收的喜悦。女看娘、娘看女的礼俗至今仍是关中人亲家之间相互沟通、彼此关怀的一种方式。

菽：shū　豆子，大豆。小篆写作。形声字，从艸，叔声。《春秋·考异邮》：“菽者稼最强。古谓之尗，汉谓之豆，今字作菽。菽者，众豆之总名。”

我国早期古籍中称大豆为菽，《诗经》中就有“中原有菽，庶民采之”、“采菽采菽，筐之筥之”的记载，秦汉以后才以“豆”字代替“菽”字。大豆原产于中国，在中国种植大豆已有近5 000年的历史，据西汉司马迁《史记·五帝本纪》记载，大豆在轩辕黄帝时已有种植。中国是大豆的故乡，主产地东北是世界上最适宜种大豆的地区之一，被称为大豆种植的黄金地带。世界上的大豆几乎都是直接或间接从我国引去的：于约 2 000 年前传到日本和朝鲜，1740 年引进法国，1790 年传到英国，1804 年引入美国，1875 年传入奥地利，1881 年传入德国。1873 年在奥地利首都维也纳举行的万国博览会上，中国大豆第一次展出即引起轰动，被人们视为珍品，称为“奇迹豆”。

大豆种子呈椭圆形、球形，颜色有黄色、淡绿色、绿色、黑色、红色等。大豆常被用来做各种豆制品，如豆腐、豆浆、豆干、豆腐皮、腐竹等，还能榨取豆油、酿造酱油、提取蛋白质。豆渣或磨成粗粉的大豆也常用于禽畜饲料。在中国、日本和朝鲜，食用不同硬度的豆腐已有几千年历史。欧美现代也开始吃豆腐，一般用来代替奶制品。大豆是豆科植物中最富有营养而又易于消化的食物，是蛋白质最丰富、最廉价的来源，是今天世界上许多地方的人和动物的主要食物。由于它的营养价值很高，因而被称为“豆中之王”、“田中之肉”、“绿色的牛乳”等，在数百种天然食物中最受营养学家推崇。它可以增强机体免疫功能，因为每 500 克的大豆所含蛋白质相当于 1 000 克瘦肉、1 500 克鸡蛋或 6 000 毫升牛奶的蛋白质含量，同时还含有多种人体必需的氨基酸，对人体组织细胞起到重要的营养作用；可以保护血管，因为黄豆中的卵磷脂可除掉附在血管壁上的胆固醇，防止血管硬化，预防心脑血管疾病，保护心脏；可以促进骨骼发育，因为大豆中含有多种矿物质，可以补充钙质，防止因缺钙引起的骨质疏松，促进骨骼发育，对小儿、老人的骨骼生长极为有利。

红豆*

红豆：又名相思子、相思豆等，形如豌豆，朱红色，花期为4~7月，果期为7~10月，主产于两广一带。古人常用来象征爱情或相思。唐朝诗人王维的《相思》诗句，“红豆生南国，春来发几枝？愿君多采撷，此物最相思”，就是根据当时的民俗风情而写就的，到如今依然脍炙人口。现代人仍乐于用它作礼物，赠送给亲朋好友，以表达友情、爱情或亲情。

七步诗：据南朝刘义庆的《世说新语·文学》记载：“文帝尝令曹植七步作诗，不成者行大法。应声便为诗曰：‘煮豆持作羹，漉菽以为汁。萁在釜下燃，豆在釜中泣。本自同根生，相煎何太急？’帝深有惭色。”意思是说，三国时期的魏文帝曹丕曾经命令他的弟弟曹植在正常行走七步的时间内作出一首诗，没按时作好的话就要将他处以极刑。曹植当即脱口而出：“锅里煮着豆子，是想把豆子的残渣过滤出去，留下豆汁来做羹。豆茎在锅底下燃烧，豆子在锅里面哭泣。豆子与豆茎本来是从同一条根上生出来的，豆茎为何要如此急着迫害豆子呢？”曹丕听了，脸上露出了非常羞惭的神色。曹植是曹操之妻卞氏所生的第三子，从小才华出众，很受曹操宠爱，曹操曾经认为他在自己的几个儿子中“最可定大事”，想要立他为世子，然而因曹植平时行为较为放浪，且受古代立长不立幼制度束缚等原因，最终是长子曹丕继承了曹操的魏王封号与丞相大权，后来曹丕还逼迫东汉末代皇帝汉献帝刘协禅让而做了曹魏国的开国皇帝。因为在继承大位问题上曾经产生矛盾，曹植受到了哥哥曹丕的嫉妒与猜疑。曹操死后，曹丕仍担心三弟曹植和四弟曹熊会惹后患，所以便以他们二人在父亲亡故时没来看望为由，进行逼迫。曹熊因为害怕而自杀了，曹植则被押进朝廷。经母亲卞氏求情，曹丕才勉强给了曹植一个机会，让他在七步之内作一首诗，否则杀无赦。曹植就作了这首七步诗。曹丕听后有所醒悟，加之如果杀了自己的亲弟弟会被世人耻笑，于是改为将曹植软禁。最后曹植在软禁中忧郁而死，终年40岁。七步诗原来是六句，后来被简化为四句“煮豆燃豆萁，豆在釜中泣。本自同根生，相煎何太急”，千百年来，这首诗已成为人们劝诫兄弟之间不要自相残杀的经典警句。

2. 蔬菜类

葱：cōng　小篆写作。形声字，从艸，悤声。葱是一种圆筒状叶中空的草本植物，开小白花。

葱在东亚国家以及有华人生活的地区中，常被作为一种很普遍的香料调味品或蔬菜食用，在东方烹调中，占有重要的角色。

华人习惯于在炒菜前将葱和姜切碎一起下油锅炒至金黄（俗称“爆香”），然后再将其他菜蔬放入锅中炒。在做汤面如清汤面或牛肉面时，在面条煮熟后可将切碎的葱末（也称葱花）撒在面上，增添香味。葱的品种很多，有大葱、小葱等。葱的栽培地遍及中国各地，最著名的是山东章丘的葱，某些品种可以长到两米高，葱白长一米左右，味甜质厚，山东小吃“煎饼卷大葱”使用的就是章丘葱。台湾地区则以宜兰县三星乡所产的三星葱最为著名。

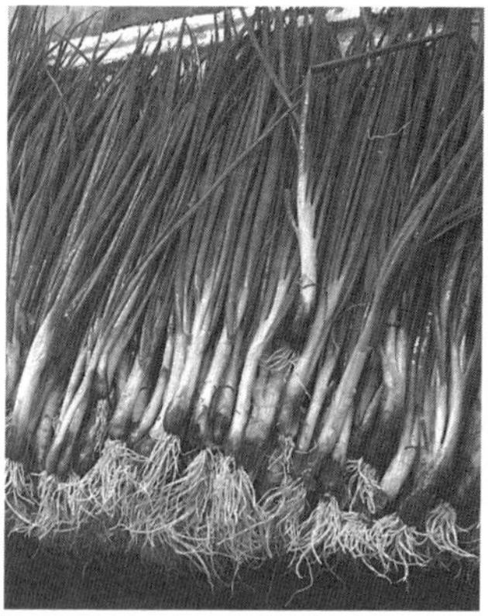

小葱

葱除了常用作调味品或食材外，亦可作药用。葱有刺激机体消化液分泌的作用，能够健脾开胃，增进食欲；葱中的挥发油等有效成分，具有刺激身体汗腺，使之发汗散热的作用；葱中所含大蒜素，具有明显的抵御细菌、病毒的作用，尤其对痢疾杆菌和皮肤真菌抑制作用显著；葱中所含果胶，可明显地减少结肠癌的发生，有抗癌作用，葱内的蒜辣素也可以抑制癌细胞的生长。

相传神农尝百草找到葱后，便将之作为日常膳食的调味品，各种菜肴必加香葱来调和，故葱又有“和事草”的雅号。在全国多地流行“食葱聪明”的饮食风俗，说的是每年农历六月十六日夜，家人入菜园取葱给小孩子吃，吃后能使小孩子更“聪明”。

在民间还有“香葱蘸酱，越吃越壮”的谚语。

蒜：suàn　小篆写作蒜。形声字，从艸，祘声。蒜是一种多年生草本植物，它的地下鳞茎有白皮包裹，内有小鳞茎，叫“蒜瓣”。依据蒜瓣的数量分为独头蒜、四瓣蒜、六瓣蒜、八瓣蒜等类型，根据蒜瓣的大小分为小瓣蒜（俗称小蒜）和大瓣蒜（俗称大蒜、胡蒜）两种。小蒜原产中国，由山蒜移栽，自古已有。大蒜原产于欧洲南部和中亚，最早在古埃及、古罗马、古希腊等地中海沿岸国家栽培，西汉时由西域传入中国陕西关中地区，因其瓣大、味更辛甘的特征优于小蒜，因而发展迅速，后遍及全中国。

蒜

蒜苗、蒜薹可作蔬菜；蒜头（蒜瓣）辛辣，有刺激性气味，可作佐料或入药，具有抗癌、抗疲劳、抗衰老等功效，是古老的药食两用佳品，在国外被称作“健康保护神”，中国也有“大蒜上市，药店关门”的说法。《本草纲目》中是这样介绍大蒜的：“其气熏烈，能通五脏，达诸窍，去寒湿，辟邪恶，消痈肿，化症积肉食，此其功也。”吃蒜的好处多多，例如大蒜中所含的大蒜素是细菌的强力杀手，被誉为“天然广谱抗生素”，对葡萄球菌、大肠杆菌等都有抑制和杀灭作用，可以用来治疗和预防细菌性痢疾、百日咳、痈肿疔毒、疥癣、钩虫病、蛲虫病等疾病，还可捣碎成泥外敷在蛇虫咬伤处，减轻毒素作用；另外，大蒜是高血脂患者的福音，香肠、腊肉等高脂食物，食后会导致血液中的脂肪含量成倍上升，如果同时吃蒜，脂肪上升趋势会受到遏制。蒜有多种吃法，如生吃，因为大蒜素遇热时会很快失去效用，所以生蒜要比熟蒜杀菌效果好；又如捣碎成泥，先放置 10 ~ 15 分钟，让蒜氨酸和蒜酶在空气中结合产生大蒜素后再食用，吃饺子时用醋和少量芝麻油调和蒜泥，是一种很健康的吃法；“大蒜玉米粥，养心助长寿”，用适量玉米、大蒜、糖醋熬粥，连服数日，是养心健胃的食疗养生良方。此外还可从大蒜中提取大蒜油，其中含有很重要的活性硫化物，具有强力抗血栓活性，能够降低胆固醇，有效预防糖尿病，对心血管疾病的治疗很有帮助。

姜（薑）： jiāng　生姜。表“生姜”义时原本写作“薑”，形声字，从艸，畺声。《论语 · 乡党》：“食不厌精，脍不厌细。…… 不撤薑，食，不多食。”意思是“食物不嫌做得精，鱼、肉不嫌切得细。…… 不放些生姜的菜肴，吃，但也不多吃”。可见人们在春秋战国时期已经食用生姜，并且生姜已是人们日常生活中不可或缺的佐食佳品。后来，“薑”字被简写为“姜”字。“姜”的本义是姜水，指一条名为姜的河流，甲骨文写作，金文写作，小篆写作，形声字，从女，羊声。后引申为姜姓，《说文》：“姜，神农居姜水，以为姓。”意思是神农帝出生成长于姜水流域，因而他和他的后代以姜为姓。姜姓是我国最古老的姓氏之一，有近 5 000 年的历史，其中的著名人物除神农帝外，还有姜子牙。并且姜姓还是今天吕、谢、齐、高、卢、崔等许多姓氏的祖源。后来，表姜水、姜姓意义的“姜”字被假借用来表示生姜义，而原来的“薑”字就废弃不用了。

姜

姜是一种多年生草本植物，根茎呈不规则块状，肉质肥厚，扁平，呈灰白或黄色，有芳香和辛辣味。叶片长15 ~ 30 厘米，宽约 2 厘米，平滑无毛。一般不开花，在热带地区当根状茎瘦小时才抽花茎，顶端着生淡黄色花苞，花黄绿色。刚长出来的嫩姜叫作“子姜”，因为尖端有微微的紫色，所以也叫作“紫姜”；已成熟的姜叫“老姜”或“母姜”。刚挖出来水分饱满的姜称为“生姜”，已晒干水分较少的称为“干姜”，但在口语中人们也习惯于把所有种类的姜统称为“生姜”。它原产于东南亚热带地区，人工种植起源于亚洲并拥有悠久历史。

姜的根茎鲜品或干品可以作为调味品，经过炮制可作为中药材，也可以冲泡为姜茶。姜汁还可用来制成姜糖、姜汁撞奶等。在医疗保健上，生姜能促进血液循环，开胃健脾，促进食欲，尤其是在炎热的夏天，因为人体唾液、胃液分泌减少，因而影响食欲，如果饭前吃几片生姜，可刺激唾液、胃液和消化液分泌，增加胃肠蠕动，增进食欲，这就是人们常说的“冬吃萝卜，夏吃姜”，“饭不香，吃生姜”的道理。生姜能防暑，一般暑热表现为头昏、心悸、胸闷、恶心等，适当喝点姜汤能排汗、降温、提神，对缓解不适大有裨益，中国传统的防暑中成药“人丹”就含有生姜成分，其作用就是健胃、提神、醒脑。生姜中的姜辣素可解毒杀菌，能起到某些抗生素的作用，尤其是对消灭沙门氏菌效果显著，在炎热的夏季，食品容易受到细菌的污染，而且细菌生长繁殖快，容易引起急性胃肠炎，适量吃些生姜可起到防治作用，而生姜提取液能显著抑制皮肤真菌，治疗各种痈肿疮毒，缓解鱼蟹中毒等。生姜能抗氧化，抑制肿瘤，生姜中所含的姜辣素和二苯基庚烷类化合物的结构均具有很强的抗氧化和清除自由基的功效，还能抑制癌细胞活性，降低癌的毒害作用，从而起到防癌治癌的功效。吃姜能抗衰老，老年人常吃生姜可除“老年斑”。生姜中的姜烯、姜酮有明显的止呕吐作用，民间吃生姜或用生姜贴内关穴防晕车、晕船，有明显的效果，因而有“呕家圣药”之誉。另外，用生姜水含漱，可治疗口臭和牙周炎。但值得注意的是，生姜不宜在夜间大量食用，其中所含姜酚会刺激肠道蠕动，白天可以起到增强脾胃作用，夜晚则可能会影响睡眠、伤及肠道。故而俗语有云“早上吃姜，胜过吃参汤；晚上吃姜，等于吃砒霜”、“一年之内，秋不食姜；一日之内，夜不食姜”。这些说法虽不完全准确，但还是有一些道理的。

芹：qín　芹菜。小篆写作。形声字，从艸，斤声。《诗经·鲁颂·泮水》：“思乐泮水，薄采其芹。”《吕氏春秋·本味》：“菜之美者……云梦之芹。”

芹菜分为本芹和洋芹两大类，其营养和食疗价值大致相同。本芹叶柄较细长，有白芹、青芹等品种；洋芹又称西芹、美芹，是从欧洲引进的芹菜品种，植株紧凑粗大，叶柄宽厚，质地脆嫩，每株可重 1 千克以上。

芹菜是高纤维食物，富含蛋白质、碳水化合物、胡萝卜素、B 族维生素、钙、磷、铁、钠等。其叶茎中含有芹菜苷、佛手苷内酯和挥发油等药效成分，具有降血压、降血脂、防治动脉粥样硬化的作用。此外常吃芹菜还有平肝清热、祛风利湿、除烦消肿、凉血止血、清肠利便、润肺止咳、健脑镇静等功效。

芹菜

不过要注意的是，野生芹菜有剧毒，误食则会危及生命。野生芹菜多生于路旁或荒地，有一种水毒芹生长在水边或沼泽等阴凉潮湿的地方，其形态和食用芹菜极为相似。因此，必须认真区分，不要误采野生芹菜食用。

茄：qié　茄子。小篆写作。形声字，从艸，加声。

茄子树是一年生草本植物，叶片呈椭圆形，花紫色，其果实名为茄子，呈球形或长圆形，表面有光泽，有紫色、白色或浅绿色等，原产于印度，我国普遍栽培，是夏季主要蔬菜之一。

茄子是为数不多的紫色蔬菜之一，也是餐桌上十分常见的蔬菜。它含有丰富的营养成分，如蛋白质和钙含量比西红柿高3

倍；在它的紫皮中含有丰富的维生素E和维生素P，这是其他蔬菜所不能比的；茄子中含有龙葵碱、葫芦素、水苏碱、胆碱、紫苏甙、茄色甙等多种生物碱物质，其中龙葵碱、葫芦素被证实具有抗癌能力，中药许多方剂及民间验方中，时常使用“秋后老茄子”、“霜打茄子”等，古代就有用秋茄根治疗肿瘤的记载。越来越多的证据表明，茄子确实具有一定的抗癌功能，所以，霜打的茄子是好药，秋后吃茄子对身体有好处。此外，茄花、茄蒂、茄根、茄汁亦皆为良药。

茄子

椒：jiāo　辣椒。形声字，从木，叔声。

辣椒又名番椒、大椒、海椒、辣子、辣角等，是一年或多年生草本植物，叶子呈卵状披针形，花白色。其果实大多像毛笔笔尖的形状，也有灯笼形、心脏形等，未熟时呈绿色，成熟后变为红色或黄色，一般都有辣味，主要供食用，也可以入药。

辣椒原产于拉丁美洲热带地区，原产国是墨西哥。15世纪末，哥伦布发现美洲之后把辣椒带回欧洲，并由此传播到世界其他地方，于明朝末年传入中国后普遍栽培。据考古学家估计，早在公元前5 000年美索亚美利加人（奥尔梅克人、玛雅人等）就开始吃辣椒了，而它更是在公元前7 000年的时候就已在此生长了，所以辣椒可以说是人类种植的最古老的农作物之一。

辣椒中含有丰富的维生素C、E，此外还含有辣椒特有的辣椒素，它能刺激舌头、嘴唇的神经末梢，促使心跳加速，唾液或汗液分泌增加，肠胃加倍“工作”，蠕动加速，胃液分泌增多，同时释放出内啡肽，使人感到轻松兴奋，产生吃辣后的“快感”。而且当味觉细胞接触到辣椒素后，会更敏感，从而更好地感觉食物的美味。所以，有很多人会吃辣椒上瘾，尤其是吃饭不香、饭量减少时，就产生吃辣椒的念头。适量吃辣椒，对人体确实好处多多，例如能健胃暖胃、助消化、促进血液循环、改善心脏功能、预防胆结石、降血糖、缓解皮肤疼痛、驱寒、防感冒、抗辐射、助长寿、降脂减肥、护肤美容等。不过，食用过量的辣椒也会危害人体健康，因为过多的辣椒素会剧烈刺激胃肠黏膜，使其高度充血，蠕动加快，引起胃疼、腹痛、腹泻并使肛门烧灼刺疼，诱发胃肠疾病，促使痔疮出血。因此，凡患食管炎、胃肠炎、胃溃疡以及痔疮等病者，均应少食或忌食辣椒。由于辣椒的性味是大辛大热，所以患有牙疼、喉痛、咯血、疮疖等火热病症，或阴虚火旺的高血压病、肺结核病，以及心脏疼痛、胸闷的人，也应慎食或忌食。

全世界有2 000多种辣椒，到底哪种最辣，人们争论不休。其实，早在1912年，美国化学家韦伯 · 史高维尔（Wilbur Scoville）就设计了一套被称为“史高维尔感官测试”的实验方法来测定辣椒的辣度。辣度的单位，就是将辣椒磨碎后，用糖水稀释，然后交给数个人品尝，直到察觉不到辣味，这时的稀释倍数就代表了辣椒的辣度。为纪念史高维尔，人们将这个辣度标准命名为“史高维尔辣度单位”（Scoville Heat Unit，缩写为 SHU）。

辣椒

今天，史高维尔品尝判别辣度的方法已经被仪器定量分析所替代，但是他的单位体系保留了下来。论辣椒的辣度，只要看看它们的辣度数值就行了。辣度数值越高，辣椒就越辣。我国一些名牌辣椒的辣度如下：四川海天椒、黄金椒 10.6 万 SHU，贵州七星椒 6 万 SHU，湖南小米椒 3 万 SHU，云南朝天椒 2.25 万 SHU，陕西线椒 1.5 万 SHU。最辣辣椒的宝座一度被印度的“断魂椒”（又称“印度魔鬼椒”）占据，它在 2007 年的《吉尼斯世界纪录大全》中被确认为世界最辣的辣椒，辣度为 104 万 SHU。在 2011 年，这项纪录受到了挑战，挑战者是英国的“娜迦毒蛇”（又称“毒蛇辣椒”），它是截至 2011 年 2 月全球最辣的辣椒，辣度高达 138 万 SHU。如今吉尼斯世界纪录最辣的辣椒是悉尼的“特立尼达毒蝎布奇 T”，它是黄灯笼辣椒的一种，辣度为 146 万 SHU。这些世界上最辣的辣椒，任何人吃一颗都得去住院，因为如此之高的辣度会对食用者的身体健康造成严重危害，甚至可以导致死亡。因此这样的辣椒在现实生活中更多是用于军事领域，例如作为催泪弹的重要原料之一。不过，这些辣椒的辣度离纯辣椒素的辣度还有相当大的差距，那可是高达 1 600 万 SHU 的辣度，真无法想象这样的一滴物质滴到人的舌头上，会有什么样的反应。

笋：sǔn　笋子，竹笋。小篆写作。形声字，从竹，旬声。《说文》：“笋，竹胎也。”

笋是竹子初从土里长出的嫩芽，可食用的有八九十个品种，一般分为春笋、冬笋、鞭笋和干笋（玉兰片）等类型。我国优良的笋用竹种有长江中下游的毛竹、早竹，它们的地下茎入土较深，竹鞭和笋芽借土层保护，冬季不易受冻害，出笋期主要在春季；还有珠江流域、福建、台湾等地的麻竹和绿竹，它们的地下茎入土浅，笋芽常露出土面，冬季易受冻害，出笋期主要在夏秋季。

在中国，笋自古被当作“菜中珍品”。《诗经 · 大雅 · 韩奕》：“其蔌维何，维笋及蒲。”可见在春秋时期，人们已视竹笋为上好的蔬菜。唐朝时还设有专门人员负责植竹取笋之事。据说唐太宗很喜欢吃笋，每逢春笋上市，总要举办“笋宴”召集群臣吃笋。宋朝大文豪苏东坡，是位吃笋专家，他曾在黄州吟出“长江绕郭

竹笋

知鱼美，好竹连山觉笋香”之句，后来传诵一时的打油诗“无竹令人俗，无肉使人瘦，若要不俗也不瘦，餐餐笋煮肉”，更表明了他对笋之热爱；他甚至对苦笋也情有独钟，有诗句曰：“久抛松菊犹细事，苦笋江豚那忍说？”他的学生黄庭坚也是位爱吃笋的美食家，曾在向友乞苦笋诗《从斌老乞苦笋》中云：“南园苦箸（zhù，竹筷，这里指竹笋）味胜肉”，在他的《苦笋赋》中云：“余酷嗜苦笋，谏者至十人，戏作苦笋赋。”又在他的《和坡翁春菜》诗中调侃老师说：“公如端为苦笋归，明日春衫诚可脱。”意思是说你若真想吃苦笋，不如连官都不做，以便自由自在，自得其乐。苏东坡得诗后，也开玩笑说：“我本不愿做官，是黄庭坚以苦笋诱我，才勉强去做的。”

一年四季皆有笋，以春笋、冬笋味道最佳。烹调时无论是凉拌、煎炒还是熬汤，均鲜嫩清香，是人们喜欢的佳肴之一。在营养上，过去有不少人认为，笋的味道虽然鲜美，但是没有什么营养，有的甚至认为“吃一餐笋要刮三天油”，这种认识是不准确的。其实，竹笋含有丰富的蛋白质，氨基酸，脂肪，糖类，钙，磷，铁，胡萝卜素，维生素 B1、B2、C 等，是优良的保健蔬菜。

中医认为笋味甘、微寒，无毒，在药用上具有清热化痰、益气和胃、消渴、利水道、利膈爽胃等功效。尤其是江浙民间以虫蛀之笋供药用，名“虫笋”，为有效之利尿药，适用于浮肿、腹水、脚气足肿、急性肾炎浮肿、喘咳、糖尿病、消渴烦热等。笋还具有低脂肪、低糖、多纤维的特点，食用笋不仅能促进肠道蠕动，帮助消化、去积食、防便秘，还有预防大肠癌的功效。笋含脂肪、淀粉很少，属天然低脂、低热量食品，是肥胖者减肥的佳品。养生学家认为，竹林丛生之地的人们多长寿，且极少患高血压，这与经常吃笋有一定关系。最近日本科学家发现竹笋中含有酪氨酸和维生素 E 以及硒、锗等微量元素，具有防癌、抗癌、抗衰老功能。

菌：jùn　菌子，蘑菇。小篆写作。形声字，从艸，囷声。《说文》：“菌，地蕈也。”地蕈即蘑菇。

严格来说，蘑菇并不是植物，而属于菌类，是真菌中的担子菌。但是由于它长得像植物，古代对生物种类的划分也没有现在严格细致，通常只划分为动物和植物两大类，所以古人也把它看成植物，并按照为其他植物造字的方式来为它造字。我们这里也姑且把它看作植物来介绍。

蘑菇由菌丝体和子实体两部分组成。菌丝体是营养器官，由成熟的孢子萌发成白色丝状的菌丝，互相缀合形成密集的群体。子实体是担子菌长出地面的地上部分，为其繁殖器官，在一定温度与湿度下，菌丝体取得足够的养料就开始形成子实体。子实体初期像个鸡蛋露出地面，在成熟时很像一把撑开的小伞，由菌盖、菌柄、菌褶、菌环、假菌根等部分组成。

平菇

蘑菇是高等菌类，有的可供食用。食用菌通常口感极佳，嫩滑鲜美，而且营养丰富，富含人体所需的氨基酸、矿物质、维生素和多糖等营养成分，是一种高蛋白、低脂肪的营养保健食品。经常食用蘑菇能增强免疫力，延缓衰老，促进人体对其他食物营养的吸收，保持骨骼健康，通便排毒。尤其是春季养生，很适合吃蘑菇补充身体营养。因此，蘑菇是理想的天然食品，也是一种多功能食品。以前人们食用的都是野生种类，其中的常见佳品有牛肝菌、羊肚菌、红铆钉菇、橙盖鹅膏菌、正红菇等，现在人们已学会对一部分野生菌种进行人工驯化种植，如香菇、草菇、金针菇、猴头菇、竹荪、茶树菇等。

蘑菇虽美味，但是千万要注意的是，不要随便采摘野生蘑菇食用，以免误食毒蘑菇。识别毒蘑菇与食用蘑菇的难度非常大，没有专业人士在场，没有百分之百的把握，绝对不要采摘，更不要煮食，欣赏一下就好了。要知道，全世界每年有成千上万人由于误食毒蘑菇而死亡。

3. 医药类

参：shēn　小篆写作。本义是指参星，古时的二十八星宿名之一，即猎户座腰带处的三颗星；后假借用来指人参。

人参是五加科人参属多年生草本植物，与三七、西洋参等著名药用植物是近亲。喜阴凉、湿润的气候，多生长于昼夜温差小的海拔 500 ~ 1 100 米的山地缓坡或斜坡地的针阔混交林或杂木林中，在吉林、辽宁、黑龙江、河北、山西、湖北等省有分布。茎高 40 ~ 50 厘米，轮生掌状复叶，通常 3 年开花，5 ~ 6 年结果，花期 5 ~ 6 月，果期 6 ~ 9 月。由于根部肥大，形若纺锤，常有分叉，全貌颇似人的头、手、足和四肢，故而称为人参。另有黄参、血参、土精、地精、玉精、神草、草妖、鬼盖、天狗、人微、人衔、孩儿参、棒槌、皱面还丹、金井玉阁等名称。人参被人们称为“百草之王”、“中药之王”、“能治百病的草”、“起死回生的仙草”，是驰名中外、老幼皆知的名贵药材，更是闻名遐迹的“东北三宝”（人参、貂皮、鹿茸）之一。

人参是第三纪孑遗植物，目前已是濒危物种。长期以来，由于过度采挖，资源枯竭，人参赖以生存的森林生态环境遭到严重破坏，以山西五加科“上党参”为代表的中原产区，即山西南部、河北南部、河南、山东西部等地的人参早已灭绝，东北参也处于濒临绝灭的状态。因此，对人参自然资源进行保护，是极其紧迫和必要的。目前人参已被列为国家珍稀濒危保护植物、一级重点保护植物，长白山等产地已被划为自然保护区进行保护。

野生人参产量稀少，在长白山区以及小兴安岭地区偶有发现，朝鲜白头山区和俄罗斯远东地区亦有发现。它对生长环境要求比较高，怕热、怕旱、怕晒，要求土壤疏松肥沃，空气湿润凉爽。在每年的人参开花季节，人参开出紫白色的花朵，结出鲜红色的浆果，十分惹人喜爱。野山参在深山里生长很慢，60～100年的山参，其根往往也只有几十克重。1989年，抚松县农民在长白山采到一棵“参王”重305克，估计已在地下生长了500年。这棵“参王”是我国目前采到的最大的山参，已作为“国宝”被国家收购保存。

野生人参一般称为“山参”，人工栽培种植的人参称为“园参”。按照产地来分类，人参可分为吉林人参（长白山人参）、朝鲜人参（又名高丽参、别直参）、西洋参（又名花旗参、洋参、美国人参等，原产美国和加拿大）三类。按加工方法来分类，人参可分为生晒参、红参、糖参、蜜制人参、水参、白干参、工艺参等。

中国是人参发源地，人参在中国的药用历史已超过3 000年。我国最早记载人参的文献是春秋末期越王勾践的大臣范蠡所著的《范子计然》一书，其中云："人参出上党，状类人形者善"，指出了人参的产地、形状、药性判断标准。自唐朝起，中国就已开始人工种植人参。据成书于东汉的中国现存最早药物学专著《神农本草经》记载，人参有"补五脏，安精神，定魂魄，止惊悸，除邪气，明目，开心益智"之功用。传统中医认为人参能够固本回元、护命强身、延年益寿。现代医药学研究也发现，人参成分复杂，含多种人参皂苷、挥发油、氨基酸、微量元素及有机酸、糖类、维生素等成分，具有多种祛病养生功效，能有效地调节中枢神经系统，提高心脏的收缩能力和频率，刺激内分泌系统，降低血糖，增进性机能，促进消化液的分泌，增强人体免疫力，抵抗癌细胞的扩散和转移，强化骨髓的造血机能，促使伤口及溃疡迅速愈合等。但要注意的是，人参属大补之品，不可过量食用，身体虚弱者不宜急于进补。长期服食人参或人参制剂，会出现腹泻、皮疹、失眠、神经过敏、血压升高、忧郁、头痛、心悸等不良反应，出血是人参急性中毒的特征，临床还出现过人参蛤蚧精口服液致剥脱性皮炎、人参蜂王浆致急性肾炎血尿加重等症状。

采参民俗：满族人采参历史悠久，隋唐渤海靺鞨人已采参朝贡，明末努尔哈赤发谕集体采参，清朝历代帝王收受长白山野山参，使采参成为满族人生活中的主要内容之一。满族人把采参叫"挖棒槌"，进深山老林挖参叫"放山"。进山要准备"索拔棍"、挖参钎子、棒槌索、快斧子、手锯、剪子、背筐、狍子皮、吊锅等器具和物品；进山黄道吉日为初三、六、九或初八、十八、二十八；进山前要插草为香，拜山神爷，并准备祭品，如达子香、馒头、猪头、供果等；进山后先选朝阳地搭建临时住房，晚上拢火堆；挖出人参者次日还要带着酒、猪头肉、水果、香、纸、红布到挖出人参的地方“敬山”还愿。除此之外，采参还有其他诸多禁忌。如放山人入山时不可多说一句话，不可多做一件事，不许说“放”（放意味着把参放跑），只许说“拿”（拿住参的意思）；放山人数有二、四、五的禁忌，要求队伍由三、六、七、八人组成，因为两人行动不便，出现纠纷不易解决，“四”与“死”字音相近，“五”又和“无”字音相近；放山人路遇，都要互道“快当”，即祝贺“挺顺当”之意；如果碰巧在住处邂逅，不管是否相识，一律管吃管住，相互帮衬；如果同时发现和得到成果，则人人有份，不可私吞；采参时的动作要说“端”、“抬”等特定的采参动词，既准确地表达出采参时不让一根参须折断之意，又是对人参这一“草妖”、“地精”的敬意。总之，在放山人的世界里，人与人之间充斥着“义”字，人对自然抱持着“敬”字。这种对山灵精怪和神秘莫测的大自然的崇拜和敬畏心理，是中国人参文化的重要组成部分。

人参娃娃：人参是一种植物，但又是非同寻常的植物。由于它的外形酷似人形，所以常常被拟人化，有了许多关于人参的民间故事、神话传说等。其中最著名的，当属人参娃娃的故事了。

例如上海美术电影制片厂 1961 年摄制的动画片《人参娃娃》，就是这类故事的一个典型代表：财主胡刮皮家的童工小虎子整天挨打挨骂，夜里还要不停地挑水。一次，他发现一个身穿红肚兜的小娃娃在井边玩耍，便与他成了好朋友。小娃娃看到小虎子经常被财主打得伤痕累累，为了帮他还清欠债，获得自由，便送给他一株大人参。财主见了这棵人参，料定这小娃娃一定是人参精，逼问小虎子人参的来历，进而强迫小虎子带他去找小娃娃。小虎子知道财主没安好心，就在当夜悄悄地去告诉小娃娃。不料，正当他见到小娃娃时，在后边偷偷跟踪的财主抓住了人参娃娃的辫子，小虎子猛扑过去咬住财主的手臂，财主一松手，人参娃娃遁入土中。财主怒冲冲地将小虎子推到峭壁边沿，这时人参娃娃再次出现，把财主引开之后，又遁入土中。财主掘洞找寻，突然山石震动，掉下的石块把财主埋在了洞里。

除了被想象成穿红肚兜的小娃娃，人参还被塑造成头插红花的美丽姑娘、善良的白发老爷爷等，他们有优美的形象与善良的品质，凭借神奇的魔力出没于深山密林，拯救着受苦受难的人，而对于忘恩负义的贪心者，不但让他们得不到帮助，还让他们家境败落，一病不

人参娃娃*

起，不得好报。这一类关于人参的民间故事的出现，一方面是因为人们对于人参酷似人形的奇异现象难以解释，久而久之就把人参神化为一种天地之精灵；另一方面是由于当时生产力水平低下，人们无法战胜自然灾害及邪恶势力的侵袭，就寄望于人参精灵，把它们想象成正义的化身、力量的象征和美丽善良的天使。尽管这些故事含有宿命思想和迷信色彩，从不同角度反复表达和诠释着因果报应的平民理念，但也激励着人们明辨是非、坚守正道、奋发向上，在恶劣的环境下生生不息，顽强执着、锲而不舍地追寻梦想，创造自己美好的未来。

芝：zhī　灵芝。小篆写作。形声字，从艸，之声。《说文》：“芝，神草也。”

灵芝又称灵芝草、神芝、芝草、仙草、瑞草，严格说来，灵芝不是植物，而是多孔菌科植物赤芝或紫芝的全株，属一年生真菌类植物。在古人心目中，灵芝是吉祥、富贵、美好、长寿的象征，能治愈万症，其功能应验，灵通神效，有滋补强壮、固本扶正、延年益寿之功，甚至有起死回生、长生不老之效，故名“灵芝”，又称为“不死药”。

灵芝的子实体大多为一年生，大部分皆具有菌盖（菌伞）和菌柄。菌盖呈半圆形、肾形、贝壳形等，上表面皮壳非常坚硬，有同心环纹或放射状纵纹，除树舌类外大部分具有漆样光泽，颜色有灰白、黄褐、紫红、紫黑等，有时在菌盖上因生长成熟的程度不同而同时存在数种不同颜色的区域，一般而言其生长区域位于菌盖的最外缘处，颜色最淡，而向内侧颜色渐深。下表面由许多小菌管构成，菌管内有许多小粒状物，植物学上称作“孢子”。菌盖的一侧生有一根长柄，菌柄表面亦具有漆样光泽，颜色与菌盖相同或较深。

灵芝盆景

灵芝原产于亚洲东部，主要分布在中国、朝鲜半岛和日本。它的生长习性很有特色，多生长在栎树及其他阔叶树木桩旁，喜生于植被密度大、光照短、表土肥沃、潮湿疏松的地方。灵芝有200多个品种，以长白山赤灵芝最为著名，但并不是每种灵芝都能药用，其中包括不能食用的毒芝。医学证明赤灵芝、紫芝、云芝药用价值最高。中国最大的原始森林——长白山自然保护区最适宜灵芝生长。但是由于多年来人类的过度采摘，野生灵芝的存量越来越少。

中国是灵芝的故乡，是世界上最早认识和利用灵芝的国家。东周时期的《列子》一书中就有“朽壤之上，有菌芝者”和

“煮百沸其味清芳，助心充脉，饮之目明、脑清、心静、肾坚，真宝物也”的描述，这是世界上对灵芝的生长和药用的最早记载，距今已有两千五百年。灵芝作为拥有数千年药用历史的中国传统珍贵药材，具备很高的药用价值。西汉《神农本草经》谓紫芝“主耳聋，利关节，保神益精，坚筋骨，好颜色，久服轻身不老延年”，谓赤芝“主胸中结，益心气，补中增智慧不忘，久食轻身不老，延年成仙”。现代科学研究也表明，灵芝的药理成分非常丰富，其中有效成分可分为十大类，包括灵芝多糖、灵芝多肽、三萜类化合物、十六种氨基酸（其中含有七种人体必需氨基酸）、蛋白质、甾类、甘露醇、香豆精苷、生物碱、有机酸（主含延胡索酸），以及微量元素锗、磷、铁、钙、锰、锌等。灵芝对人体具有双向调节作用，所治病种涉及心脑血管、消化、神经、内分泌、呼吸、运动等各个系统，尤其是对增强人体免疫力，防治肿瘤、肝脏病变、失眠以及衰老的作用十分显著。

白蛇娘子盗“仙草”：《白蛇传》是中国四大民间传说（《梁山伯与祝英台》、《白蛇传》、《孟姜女》、《牛郎织女》）之一，又名《许仙与白娘子》。故事雏形始于南宋或更早，在清朝成熟盛行，至今已有多个版本，基本情节描述的是一个修炼成人形的白蛇精与凡人的曲折爱情故事：传说八仙之一的吕洞宾在西湖断桥边卖汤圆，当时还年幼的许仙买了一碗实为仙丸的汤圆吃了，结果三天三夜不想吃东西，急忙跑去找吕洞宾。吕洞宾将许仙抱上断桥，双脚倒拎，汤圆吐出来掉进西湖，被正在湖中修炼的白蛇吞下，助长了五百年的功力，白蛇就此与许仙结了缘。而同在此地修炼的乌龟，也就是日后的法海和尚，因没能吃到汤圆，所以对白蛇怀恨在心。白蛇在苏堤桥之一的映波桥边看到一乞丐手中拿一青蛇，要取蛇胆卖钱，于是化身为人买下青蛇，从此青蛇认白蛇为姐姐。十八年后的清明，白蛇思凡下山，化身为一个名叫白素贞的女子。她与青蛇小青同到杭州，在断桥边游湖逢雨因借伞与许仙相识，小青从中传情达意，白素贞与许仙终成眷属。法海和尚为了报复白素贞，以白素贞和小青是妖精为理由，数次破坏许仙与白素贞的关系，并诱骗许仙在端午节让白素贞喝下带有雄黄的酒。白素贞喝下雄黄酒后现出原形，将许仙吓死。为救相公，白素贞上天庭盗取南极仙翁的仙草，大战护山仙童求得仙草后，给许仙服食，将许仙救活。法海将许仙骗至镇江金山寺并软禁，白素贞和小青一同与法海斗法，不惜引西湖之水漫淹金山寺，因此也误伤了其他生灵。因身怀六甲，白素贞无法救出许仙。后许仙逃回杭州，在断桥边与白素贞相会。白素贞在生下孩子后被法海收入钵内，镇压于杭州雷峰塔下，小青得以逃脱。二十年后，白素贞的儿子许梦蛟高中状元，衣锦还乡到塔前祭母。这时小青也修炼有成，再回金山，他们合力斗赢法海，推倒雷峰塔，救出白素贞，全家团聚。西湖水干，法海无处可逃，身穿黄色的僧衣遁入蟹腹，据说现在螃蟹腹中的蟹膏就是法海和尚黄色僧衣所化。在这个故事中，白蛇娘子从南极仙翁处盗得的“仙草”，就是灵芝。虽然把灵芝看成是能起死回生的还魂仙草有些夸大其词，但灵芝有明显的镇定强心作用，能抢救危急病人，临床应用于抢救惊厥过度昏迷者（假死），这一点是有科学依据的。

茶：chá　小篆写作。早期古籍中，“茶”字写成“茶”字，至西汉时始从“茶”字中减去一横而成为“茶”字。中国地大物博，民族众多，因而在语言和文字上也是异态纷呈，对同一事物有多种称呼，对同一称呼又有多种写法，这是很常见的。除了被写作“茶”、“茶”，茶还有许多其他的名称和写法，如唐朝陆羽在《茶经》中提到“其名，一曰茶，二曰槚，三曰蔎，四曰茗，五曰荈”。因为“茶圣”陆羽的《茶经》广为流传，“茶”这一称呼才得以确立其主导地位，流传至今。

茶树（茶叶树）

茶树属于常绿灌木或小乔木植物，植株高1～6米，喜欢湿润的气候，在我国长江流域以南地区广泛栽培。采摘茶树的叶子，经杀青、干燥等程序后制成茶叶，泡水饮用，就是享誉世界的茶了。茶与可可、咖啡并称为当今世界的三大无酒精饮料，为世界三大饮料之首。它是古代中国南方人民对中国饮食文化的贡献，也是中国人民对世界饮食文化的贡献。因为茶叶来自古老的中国、神秘的东方，所以它还被西方人称为“神奇的东方树叶”。

中国是茶的祖国，世界上茶树的原产地在我国的西南地区，至今在云南省普洱市镇沅县千家寨原始森林中仍散遗有上万亩的野生茶树林，这是世界上最古老的野生茶树群落。其中一株高25.6米的野茶树，已有2 700年的树龄，是迄今发现的世界上最古老的野茶树，因而被称为“茶树王”；在它的周围，还散生着不少上千年的野茶树，都是“茶树王”的后代。西汉的《神农本草经》记载：“神农尝百草，日遇七十二毒，得茶解之。”唐朝陆羽在《茶经》中指出：“茶之为饮，发乎神农氏，闻于鲁周公。”这说明在距今4 000多年前的神农时代，人们已知道利用茶叶来解毒治病和泡茶饮用了。东晋常璩《华阳国志·巴志》：“周武王伐纣，实得巴蜀之师……丹、漆、茶、蜜，灵龟、巨犀、山鸡、白雉，黄润、鲜粉，皆纳贡之。”这一记载表明在周武王伐纣时，巴国就已经将茶与其他地方特产进贡给周朝了。在秦朝以前，主要是四川一带产茶和饮茶。秦始皇统一中国后，促进了四川和其他地区的经济交流，种茶和饮茶之风由四川逐渐向外传播，茶成为各族人民普遍喜爱的一种饮料。千百年来，人们已经培植出上百个茶叶品种，其中最为著名的有西湖龙井、福建乌龙、安溪铁观音、洞庭碧螺春、张家界莓茶、黄山毛峰、庐山云雾茶、君山银针、六安瓜片、信阳毛尖、武夷岩茶、祁门红茶、蒙顶甘露、都匀毛尖等。

茶最初是被当作药来应用的，后来才发展为饮料。唐朝即有“茶药”一词，南宋林洪《山家清供》中也有“茶，即药也”的论断。可见自古茶就是药，并为药书所收载。现代医学也证明，茶叶中含有茶多酚、咖啡因、脂多糖等成分，经常饮茶有助于醒脑提神、护齿明目、护肤美容、延缓衰老、利尿解乏、降脂助消化、抑制心血管疾病、防癌抗癌、预防和治疗辐射伤害、抑制和抵抗病毒菌等。唐朝大医学家陈藏器在其《本草拾遗》一书中写道：“诸药为各病之药，惟茶为万病之药”，足见茶之卓著医疗功效。现在人们一般将茶泡水饮用作为休闲保健养生的饮料，药用需经过专业的提炼处理，所以很多人不把它当药来看待了。在饮茶之习盛行的地区，“不可一日无茶”，例如广东潮汕一带流行“工夫茶”，从早到晚几乎不间断地喝。不过也要注意，凡事不可过度，过犹不及，喝茶还是应该适时适量，讲究科学。喝茶的时间最好在饭后，因为空腹饮茶会伤身体，尤其对于不常饮茶的人来说，会抑制胃液分泌，妨碍消化，严重的还会引起心悸、头痛等“茶醉”现象。晚上喝茶时要少放茶叶，不要将茶泡得过浓。一定不要饮用隔夜茶。还要注意，茶属于刺激性饮料，含有鞣酸和咖啡因，青少年不宜喝茶，经期、怀孕期、哺乳期、更年期内的女性也最好不要喝茶。

中国茶叶的对外输出贸易，已有1 500余年的历史。最早的记录是在公元473—476年间，有土耳其商人来我国西北边境以物易茶。西汉时，中国的饮茶文化便传到了朝鲜和日本，张骞通西域后，经由丝绸之路将茶叶带到了波斯（今伊朗）、土耳其等中亚国家。公元714年，唐朝设“市舶司”管理对外贸易，中国茶叶通过海、陆“丝绸之路”输往西亚、中东地区。明朝郑和七下西洋，出使南亚、西亚和东非三十余国，及传教士的中西交往，更加把中国茶叶文化传往欧洲、非洲等地。清朝大规模地开展茶叶国际贸易，开拓了让世人惊叹的“茶叶之路”，从17世纪到19世纪的这200年间，中国几乎包揽了世界茶叶生产，在出口数量上不断攀升，到1886年创下中国茶叶出口数量的最高纪录221万担，无论是红茶、绿茶还是茶砖，中国茶在世界市场上都独占鳌头。茶叶贸易的兴盛为中国带来了巨大利益，让中国保持了长时间的贸易顺差，大量白银流入中国。乾隆皇帝接见英国使者时曾称“天朝所产茶叶、瓷器、生丝为西洋各国及尔国必需之物”，足见天朝大国之信心。但同时也给清朝政府带来了危机，由于西方列强不满于清政府在茶叶贸易中的主权地位，要求清朝政府开放关口进行自由贸易，以操纵茶叶价格，避免高额关税，扭转贸易劣势，后来发动了一系列的侵略行动，有学者因此还把鸦片战争称为“茶叶战争”、“由茶叶引发的战争”。这种观点虽不全面，但也从侧面反映出了茶叶和茶叶贸易的重要性。

另外需注意的一点是，在现代汉语里，“茶树”除一般指茶叶树外，也可以指油茶树，以及茶花树。油茶树是属于茶科的常绿小乔木，因其种子（茶籽）可榨油（茶油）供食用，故名。茶油色清味香，营养丰富，耐贮藏，是优质食用油，也可作为润滑油、防锈油用于工业。

茶树（油茶树）

茶树（茶花树）*

茶花树是杜鹃花目山茶科植物，原产于我国西南。茶花为中国传统名花，是云南省省花，云南省大理白族自治州州花，宁波等市市花。其花瓣呈碗形，单瓣或重瓣，有十八学士、六角大红等多种名贵品种。由茶花制成的养生花茶有治疗咯血、咳嗽等疗效。茶花因其植株形姿优美，叶浓绿而有光泽，花形艳丽缤纷，受到世界园艺界的珍视。

4. 水果类

桃： táo　桃树结的果实，桃子。小篆写作。形声

字，从木，兆声。《说文》：“桃，果也。”《诗经·大雅·抑》：“投我以桃，报之以李。”《礼记·玉藻》：“食枣、桃、李。”又指桃树，如《礼记·月令》：“仲春之月，始雨水，桃始华。”又指桃花，如《诗经·召南·何彼襛》：“华如桃李。”

桃子

在中华传统文化里，桃被赋予了多种文化内涵。

文化内涵之一是多子多孙，繁殖力强盛。最早吟咏桃的诗句出自《诗经·周南·桃夭》：“桃之夭夭，灼灼其华，之子于归，宜其室家。桃之夭夭，有蕡其实，之子于归，宜其家室。桃之夭夭，其叶蓁蓁，之子于归，宜其家人。”诗人用桃来衬托、比喻女子，这是怎样的一个女子呢？宜其室家，有利于她的夫家，因为她的生殖能力会很强。《本草纲目·果部》：“桃性早花，易植而子繁，故子从木、兆。十亿曰兆，言其多也。”意思是桃树开花早，容易种植，结果多。这可谓是对古人崇拜桃树繁殖力的原因的一大总结。在古人观念里，桃代表多子多孙，所以在年画里，经常可以看见一些抱着桃子的胖娃娃，其寓意是子孙后代会像桃子一样繁多。

文化内涵之二是长寿。传说吃桃会有长生不老的神奇功效。《山海经·西山经》："爰有嘉果，其实如桃，其叶如枣，黄华而赤柎，食之不劳。"这是关于食桃类果实能身体强健的最早典记，但这里还只是说吃桃能消乏不劳，后来就逐渐神奇化了，例如魏晋间所作《汉武帝内传》说，公元前110年七月初七夜二更，西王母乘着紫云车降临到汉武帝的宣和殿，侍女以玉盘盛仙桃七颗，大如鸭卵，形圆青色。西王母给了武帝四颗，自己吃了三颗。桃味甘美，口有盈味，武帝吃了后偷偷地把桃核收起来，准备以后叫人种上。西王母笑道："此桃三千年一生实，中夏地薄，种之不生。"武帝只好打消了播种的念头。当时武帝的大臣东方朔在窗户外面偷偷地窥视西王母，西王母对武帝说："这个人曾经三次到我那里去偷桃。"东方朔听到后吓得赶紧跪倒在地上，请求西王母的原谅。据说，明朝初年在清理元朝国库时，还发现了库内所珍藏的汉武帝吃剩的桃核，上面刻有"西王母赐汉武桃宣和殿"字样。不过，此时仙桃的功用，还只停留在吃了会延年益寿而已。不然，为什么汉武帝吃了西王母的四颗仙桃，最后还是死了呢？再发展到后来，才像《西游记》中那样，说王母娘娘有个规模宏大的蟠桃园，园中桃子"一千年始生，二千年始熟，三千年始结花，四千年始结子，五千年始熟"，而吃了园中蟠桃，就能长生不老，桃子成了长生不老的仙丹灵药了。因为古人认为吃桃能长寿，所以连寿星公的画像，也常常是头顶隆起，像一颗桃子呢。

文化内涵之三是桃能辟邪。王充的《论衡 · 订鬼》引《山海经》："沧海之中，有度朔之山，上有大桃木，其屈蟠三千里，其枝间东北曰鬼门，万鬼所出入也。上有二神人，一曰神荼，二曰郁垒。主阅领万鬼。恶害之鬼，执以苇索，而以食虎。于是黄帝乃作礼，以时驱之，立大桃人，门户画神荼、郁垒与虎，悬苇索以御凶魅。"从这段记载中，可以看出"桃人"是可以辟邪的。这种"桃人"，应该是用桃树枝梗扎成的，有点像稻草人。发展到后来，约晋朝始，桃梗演变成桃符，北宋王安石《元日》："爆竹声中一岁除，春风送暖入屠苏。千门万户曈曈日，总把新桃换旧符"，诗中就描写了正月初一，家家户户点燃爆竹，摘下门上的旧桃符，换上新桃符，以辟邪迎福的场景。再发展到后来，就演化为春联了。为什么先民会认为桃具有辟邪功能呢？原因是多方面的：一是因为桃的生命力顽强，越是强大的东西，越令人畏惧崇拜，于是桃被认为具有退却百鬼的功能；二是因为谐音，《左传 · 昭公四年》："其出之也，桃弧棘矢，以除其灾"，服虔注解道："桃，所以逃凶也。""桃"与"逃"谐音，意味着可以帮助人躲过灾祸。

唐伯虎与桃花诗：大家都看过周星驰、巩俐主演的《唐伯虎点秋香》吧，为什么秋香那么崇拜唐伯虎呢？因为唐伯虎才华横溢，尤其是他写的《桃花庵歌》，让秋香痴迷。"桃花坞里桃花

桃花

庵，桃花庵下桃花仙。桃花仙人种桃树，又摘桃花卖酒钱。酒醒只在花前坐，酒醉还来花下眠。半醒半醉日复日，花落花开年复年。但愿老死花酒间，不愿鞠躬车马前。车尘马足富者趣，酒盏花枝贫者缘。若将富贵比贫者，一在平地一在天。若将贫贱比车马，他得驱驰我得闲。别人笑我太疯癫，我笑别人看不穿。不见五陵豪杰墓，无花无酒锄作田。”诗句多么优美，意境多么高深呀！唐伯虎，明朝著名画家、诗人，生于1470年3月6日，属庚寅年寅月寅日寅时，故取名为“寅”，因在十二生肖中寅为虎，故取字伯虎，号六如居士、桃花庵主。他自幼聪颖，能诗擅画，16岁便中秀才，可惜20余岁时家中连遭不幸，父母、妹妹、妻子、儿子接连辞世，对他打击很大，后在好友祝枝山、文徵明的鼓励下，重新发愤苦读，29岁参加应天府乡试，获中第一名“解元”，一时“解元公唐伯虎”名遍南京城。次年赴京会试考进士，却遇“会试泄题案”而受牵连。据说与他同路赶考的江阴大地主徐经暗中贿赂了主考官的家僮，事先得到试题，事情败露，唐伯虎也受牵连下狱，遭受刑拷凌辱。自此才高自负的唐伯虎对官场产生了强烈的反感，绝意进取，以卖画为生，性格行为流于放浪不羁，并自刻了“江南第一风流才子”的印章。44岁时曾应宁王朱宸濠之请赴南昌半年余，后察觉宁王有反意，遂装疯卖傻，甚至在大街上裸奔，才得以脱身回归苏州，从此更加放荡不羁，思想颓废。晚年生活困顿潦倒，54 岁即病逝。他临终时写的绝笔诗表露了他留恋人间又愤恨厌世的复杂心情：“生在阳间有散场，死归地府又何妨。阳间地府俱相似，只当漂流在异乡。”唐伯虎以文名天下，嬉笑怒骂，皆成文章，他的字、画也造诣超群。

李：lǐ　李树结的果实，李子。甲骨文写作，金文写作，小篆写作。形声字，从木，子声。《说文》：“李，果也。”《诗经 · 大雅 · 抑》：“投我以桃，报之以李。”《礼记 · 玉藻》：“食枣、桃、李。”又指李树，如曹植《君子行》：“君子防未然，不处嫌疑间，瓜田不纳履，李下不正冠。”意思是说君子要防患于未然，不要做招惹嫌疑的事，例如经过瓜田时，不可弯腰提鞋，经过李树下时，不要举起手来整理帽子，因为这样做会让人误以为你想偷瓜田里的瓜、摘李树上的李。又指李花，如《诗经 · 召南 · 何彼襛》：“华如桃李。”

用“桃李”指代学生的由来：西汉韩婴《韩诗外传》记载，春秋时，魏国有个叫子质的大臣，他得势时曾保荐过很多人担任朝廷要职，后因获罪向北逃离，碰到简主（赵简子），对简主发

李子*

牢骚说，自己过去培养的人很多，但在危难时都不肯帮助他，从今以后，他再也不举荐帮助别人了。简主听了后，说："噫！子之言过矣。夫春树桃李，夏得阴其下，秋得食其实。春树蒺藜，夏不可采其叶，秋得其刺焉。由此观之，在所树也。今子之所树，非其人也。故君子先择而后种也。"意思是说，唉，你所说的话言过其实了，如果春天栽种桃树、李树，夏天就可以到桃李树下遮阴乘凉，秋天就可以吃到桃李树结的果实；但是如果春天栽种的是蒺藜刺树，那么夏天不可以利用它的叶子（刺树叶少，难以乘凉），秋天还只能被刺伤。所以，关键要看种植的是什么树，而你所培植的，都不是适合正当的人，所以君子要先选择树种然后才会培植。因为简主用种树来比喻培植人才，所以后来人们就把培养人才叫作"树人"，把提拔培养的优秀人才叫作"桃李"。唐朝白居易《奉和令公绿野堂种花》："绿野堂开占物华，路人指道令公家。令公桃李满天下，何用堂前更种花？"意思是，绿野堂（裴度的家）的大门一开就占尽了万物的精华，路人指说那就是您（裴度）的家，您种的桃树李树已遍布天下，怎么还用得着在绿野堂前再种花呢？此诗运用比喻修辞，以桃李喻指学生，诙谐幽默地说明裴度培养的人才已满布天下，不用种花就已然占尽万物精华，高超地表现了对一个老师桃李满天下、芳名远播的赞美。另据北宋司马光《资治通鉴·唐纪·则天后久视元年》记载，狄仁杰向武则天推荐了姚元崇等数十人，后来皆为名臣，时人对狄仁杰说："天下桃李，悉在公门矣。"所以后世遂用"桃李满天下"来比喻老师所培育出来的优秀学生多，遍布各地。

"李"姓由来：据说在商朝末年，纣王暴虐无道，沉湎女色，诸侯和百姓都心怀怨恨。皋陶后裔中有个叫理征的人，出于一片忠心，直率地说出纣王的错误，劝他改正，结果惹恼了纣王而被杀害。理征的妻子契和氏听到消息后，便带着年幼的儿子理利贞外出逃难。契和氏本是陈国（今河南淮阳）人，想逃回娘家，又怕连累娘家人，于是便往豫西逃。当走到今河南西部伊河流域的"伊侯之墟"时，母子二人饥饿难忍、疲惫不堪，尤其是小利贞，已饿得奄奄一息。可是，这一带荒无人烟，又怎能找到食物呢？幸好契和氏发现附近有"木子"（树上结的果实），于是便采下来吃。就这样，母子二人靠吃"木子"保全了性命。最后，他们逃到豫东，在离淮阳不太远的苦县（今河南鹿邑县东）安家落户。为了感激"木子"的救命之恩，同时也为了躲避纣王的追缉，又因理、李同音（古人讲究"行不更名，坐不改姓"，就算迫不得已要改姓名，一般也会找个读音相同或相近的字），所以自理利贞开始，便改"理"姓为"李"姓。这便是"李"姓起源的传说。

榴： liú　石榴。小篆写作榴。形声字，从木，留声。

石榴

石榴树是一种落叶灌木，开红花，亦有黄色和白色花，果实呈球状，内有很多种子，种子上的肉可吃，根和皮可做驱虫药。

石榴原产波斯（今伊朗）一带，据西晋张华《博物志》记载：“汉张骞出使西域，得涂林安石国榴种以归，故名安石榴。”所以石榴最初的名字是“安石榴”，后来才简称为“石榴”。石榴传入中国后，因其花美果甜，容易栽培，深受人们喜爱。石榴花被列为农历五月的“月花”，故五月又称“榴月”。另外，石榴花还是西安市的市花，因为西安市的临潼区是中国石榴文化的发源地，也是中国最正宗的石榴果产地。张骞得石榴种后，经丝绸之路传入内地，首先是在当时的首都长安（今西安）上林苑、骊山温泉宫种植，但数量不多。新中国成立后，周恩来总理陪同外宾参观秦始皇兵马俑时，见山上因土壤汞含量超标而什么树都不长，便说为什么不种石榴呢？于是西安石榴大盛。毛主席纪念堂前的 18 棵石榴树，即为陕西父老从临潼移植而来。

石榴裙：形容男子对女子的爱慕崇拜，常用“拜倒在石榴裙下”这句话。“石榴裙”究竟是一条什么样的裙子，竟然有如此大的魅力，这句话又是怎么发展来的呢？石榴花主要有红、黄、白三色，它与中国的服饰文化有着密切的联系。中国人特别喜欢红花，古代女性的裙子也多用红色，当时染红裙的颜料，主要是从石榴花中提取出来的，因此人们把红裙称为“石榴裙”。南北朝时期何思澄《南苑逢美人》诗中的“媚眼随羞合，丹唇逐笑分。风卷蒲萄带，日照石榴裙”之句，应该是“石榴裙”一词最早的文字记载。南北朝时期梁元帝《乌栖曲》中的“芙蓉为带石榴裙”稍微晚出一点，也是“石榴裙”一词的早期文字记载。到唐朝的时候，石榴裙成为一种流行的服饰，唐人小说中的李娃、霍小玉等，都特别喜欢穿这种裙子。还有白居易《官宅》诗中的“移舟木兰棹，行酒石榴裙”，白居易《和春深二十首》之一中的“眉欺杨柳叶，裙妒石榴花”，以及杜审言《戏赠赵使君美人》中的“红粉青娥映楚云，桃花马上石榴裙”等诗句，无不脍炙人口，这也使得“石榴裙”之名更加深入人心。那么为什么要说“拜倒在石榴裙下”呢？据说这里面还有一个传说，相传杨贵妃非常喜欢石榴花，唐朝天宝年间，唐明皇投其所好，在华清池西绣岭、王母祠中广栽石榴。每逢石榴花开的时间，这位风流天子便携爱妃去赏花游玩。两人常常设宴于花树之下，饮酒作歌为乐。杨贵妃饮酒后，双腮绯红，妩媚动人，把唐明皇看得好不动心。他常将杨贵妃的酒染之粉颈与石榴花相比，看哪一个红得更艳丽。由于天子宠爱美人，不理朝政，文武大臣们谁也不敢指责皇帝，只能迁怒于杨贵妃，见了她，拒不行礼。杨贵妃很生气。某天唐明皇设宴招待群臣，并请爱妃献舞助兴，但是杨贵妃却将酒杯端起送到皇帝唇边，耳语道："这些臣子对臣妾非常不恭敬，我不愿意为他们献舞。"唐明皇一听爱妃受了这么大的委屈，这怎么能行？于是下令，所有的文武百官，见了贵妃一定要下跪行礼，如果不这样做，将会以欺君之罪进行严惩。所有的大臣们无可奈何，只得遵从。从此之后，群臣只要一见到杨贵妃，无不俯首叩拜。从此之后，"拜倒在石榴裙下"的说法便流传开来。

杏：xìng　杏树结的果实，杏子。小篆写作。形声字，从木，可省声。《说文》："杏，果也。"《礼记·祭法》："夏祠用杏。"唐朝羊士谔："州民有献杏者，瑰丽溢目。"又指杏树，《山海经·中山经》："又东北三百里，曰灵山，其木多桃、李、梅、杏。"南宋马端临《文献通考》："杏多实不虫，来年秋禾善。"又指杏花，如《红楼梦》中《咏红梅花得"红"字》诗："桃未芳菲杏未红，冲寒先喜笑东风。"

此外，古时的文人学子都将杏花、杏树视为吉祥之花木，而予以特别的偏爱。自唐中宗开始，新科进士放榜后会由朝廷组织一场盛大的庆祝宴游活动，叫作杏园探花宴。宴会地点通常设在长安广植杏树的曲江岸边，因此这场宴会又名“杏园宴”。放榜之日时值三月，杏花怒放，遂称杏花为“及第花”。宴会开始前，在新科进士中要选出两名最年少俊美者当“两街探花使”，或“探花郎”，骑马遍游长安的大街名园，采摘各种早春鲜花，以助喜庆，正所谓“春风得意马蹄疾，一日看尽长安花”。南宋以后，“探花”特指为殿试第三名。后来，人们用“杏苑”泛指新科进士游宴处，“杏林得意”指进士及第。

杏花主要有白红二色，惹人喜爱，历代留下了不少吟诵杏花的名篇。最著名的，要数曾任北宋宰相的王安石所写的《北陂杏花》：“一陂春水绕花身，花影妖娆各占春。纵被东风吹作雪，绝胜南陌碾成尘。”这首绝句写于王安石贬居江宁（今南京）之后，可以说是他晚年心境的写照，全诗以景寓情，咏物言志，刻画了杏花“纵被吹作雪，也不碾为尘”的高洁风骨。又如北宋文学家宋祁的《玉楼春》词：“东城渐觉风光好，縠皱波纹迎客棹。绿杨烟外晓寒轻，红杏枝头春意闹。浮生长恨欢娱少，肯爱千金轻一笑。为君持酒劝斜阳，且向花间留晚照。”清末国学大师王国维在其著名的词论集《人间词话》中曾特别推崇这首词，并说：“著一‘闹’字，而境界全出。”另外，脍炙人口的还有南宋诗人叶绍翁的《游园不值》：“应怜屐齿印苍苔，小扣柴扉久不开。春色满园关不住，一枝红杏出墙来。”诗中写出了诗人游园赏花受阻，扫兴之余却有惊喜，春色在这一“关”一“出”之间，冲破围墙，溢出园外，显示出一派蓬勃发展、关锁不住的生命力，“春色”和“红杏”都被拟人化，不仅景中含情，而且景中寓理，寓示着新生力量、美好事物是封锁不住的。

杏（杏子）*

值得注意的是，“杏”在现代汉语里除可以指杏果树（一种果树）外，有些人也把它理解为指银杏树（主要做药用）。由于古代汉语以单音节词为主，只单用一个“杏”字，所以古代典籍中的许多“杏”字，究竟指杏果树，还是指银杏树，可能会引起今人的误解与争议，例如以下两个典故。

“杏坛”指代教坛：“杏坛”的典故最早出于《庄子》中的一则寓言。《庄子·渔父》：“孔子游乎缁帷之林，休坐乎杏坛之上。弟子读书，孔子弦歌鼓琴。”意思是说孔子带着学生们到处游学，到了一片名叫缁帷的树林，休息的时候就环坐在长有杏树的土坛上休息。学生们读书，孔子唱歌弹琴。另外，为了纪念孔子对教学和中国文化所作出的卓绝贡献，据顾炎武《日知录》记载，北宋年间孔子“四十五代孙道辅增修祖庙，移大殿于后，因以讲堂旧基甃石为坛，环植以杏，取‘杏坛’之名名之”。由此可见，“杏坛”最初实际是指“孔子讲学的地方”，后来扩大指讲课教学的地方，也可特指老师的讲台。

“杏林”指代良医：据东晋葛洪《神仙传》卷十《董奉》记载：“董奉者，字君异，侯官县人也。昔吴先主时……又君异居山间，为人治病，不取钱物，使人重病愈者，使栽杏五株，轻者一株，如此数年，计得十万余株，郁然成林，而山中百虫群兽，游戏杏下，竟不生草，有如耘治也。于是杏子大熟，君异于杏林下作箪仓，语时人曰：欲买杏者，不须来报，径自取之。得将谷一器置仓中，即自往取一器杏云。每有一谷少而取杏多者，即有三四头虎噬逐之，此人怖惧而走，杏即倾覆，虎乃还去，到家量杏，一如谷少。又有人空往偷杏，虎逐之到其家，乃啮之至死，家人知是偷杏，遂送杏还，叩头谢过，死者即活。自是已后，买杏者皆于林中自平量之，不敢有欺者。君异以其所得粮谷赈救贫穷，供给行旅，岁消三千斛，尚余甚多……君异在民间仅百年，乃升天，其颜色如年三十时人也。”北宋李昉《太平广记》卷十二《神仙十二 · 董奉》亦有类似记载。意思是三国东吴有位名医叫董奉，医术精湛，隐居庐山，替人治病不收财礼，只要求病轻的好了以后种一棵杏树，病重的好了以后种五棵杏树。数年后，他的房前屋后竟有十余万株杏树，蔚然成林，人称“董林杏仙”。后来，每当杏子成熟，有谁要买的话，不要钱，只能用谷子换。这样，董奉又有了许多的谷子。他用这些谷子接济穷人和旅资不够的来往过客，一年送出谷子三千斛后，还能剩余很多。这就是历代传为美谈的“杏林佳话”，人们因此用“杏林”来形容医生为民谋利益的行为，并常以“杏林春满”、“誉满杏林”等来称誉医生的医术高明或医德高尚，“杏林”也成了良医的代名词。

我们认为，上述两个典故中的“杏”，都是指杏果树，而非指银杏树。一是因为东汉之前的古籍中称银杏为“枰”，东汉之后称“平仲”，北宋后始改呼“银杏”。如西汉辞赋家司马相如《上林赋》中列举了汉皇园林中栽植的林果树数十种，其中有“沙棠栎槠，华枫枰栌”之句，还写到“长千仞，大连抱，夸条直畅，实叶葰楙”，描述了银杏等树的高大挺拔，伟岸茂盛；唐朝李善引用东晋郭璞的注解曰：“枰，平仲木也。”西晋左思《吴都赋》中也记述林果树近百种，其中有“平仲桾櫏，松梓古度”之句，西晋刘逵引用东汉刘熙的注解曰：“平仲，即平仲木，平仲之木，实白如银。”唐初诗人沈佺期《夜宿七盘岭》诗中有“芳春平仲绿，清夜子规啼”，唐朝陈藏器《本草拾遗》一书记述林果树30余种，其中有“木则平仲，其实如银”之句，这些都可以进一步证明“平仲”指银杏，“平仲”即银杏之古名。明末思想家、科学家方以智在他的《通雅·植物三》中更直接地写道：“平仲，银杏也。一名檘，一名火槖木，白果，叶如鸭脚。宋初入贡。”二是因为银杏树最初是在中国南方种植，北宋后始移植北方。如北宋欧阳修《和圣俞李侯家鸭脚子》诗：“鸭脚生江南，名实本相符。绛囊因入贡，银杏贵中州。”北宋梅尧臣《永叔内翰遗李太博家新生鸭脚》诗：“北人见鸭脚，南人见胡桃，识内不识外，疑若橡栗韬。鸭脚类绿李，其名因叶高。吾乡宣城郡，每以此为劳。种树三十年，结子防山猱。剥核手无肤，持置宫省曹。今喜生都下，荐酒压葡萄。初闻帝苑夸，又复主第褒。累累谁采掇，玉碗上金鳌。金鳌文章宗，分赠我已叨。岂无异乡感，感此微物遭。一世走尘土，鬓颠得霜毛。”北宋阮阅《诗话总龟》记：“京师旧无鸭脚，驸马都尉李文和自南方来，移植于私第，因而著子，自后稍稍蕃多，不复以南方者为贵。”明朝李时珍《本草纲目》曰：“白果，鸭脚子，原生江南，叶似鸭掌，因名鸭脚。宋初始入贡，改呼银杏，因其形似小杏而核色白也，今名白果。”这些都说明，银杏树最初是在中国南方种植，后移植北方。综上所述可见，先秦时期的《庄子》和东晋的《神仙传》，成书皆在北宋之前，其时北方尚未移植有银杏树，故其文中之“杏”，当指杏果树，而非银杏树。但是今天很多人，甚至包括不少学者，都误以为是指银杏树。另外，古代典籍中的“杏”，其实都是指杏果树，而非指银杏树，因为在古代汉语中，杏果树可简称为“杏”，但银杏树不能简称为“杏”，只有一些今人才把“杏”理解为“银杏”。

银杏是落叶乔木，叶扇形，在长枝上散生，在短枝上簇生。球花单性，雌雄异株，4 月开花，10 月种子成熟，种子核果状，其种核俗称白果，橙黄色，具药用保健价值。银杏是现存种子植物中最古老的

银杏*

子遗植物，和它同纲的所有其他植物皆已灭绝。银杏最早出现于3.45亿年前的石炭纪，在中生代侏罗纪曾广泛分布于北半球，白垩纪晚期开始衰退。至50万年前，第四纪冰川运动发生，地球突然变冷，绝大多数银杏类植物濒于绝种，在欧洲、北美和亚洲绝大部分地区灭绝，只有中国自然条件优越，才奇迹般地保存下来。所以银杏被科学家称为“活化石”、“植物界的大熊猫”。野生银杏目前残存于中国甘肃徽县、江苏徐州北部（邳州市）、山东南部临沂（郯城县）地区、浙江西部山区等地。毫无疑问，现存国外的银杏都是直接或间接地从中国传入的。

5. 花朵类

兰：lán　兰花。小篆写作，繁体字写作“蘭”。形声字，从艸，阑声。《说文》：“兰，香草也。《易》曰：‘其臭如兰。’《左传》曰：‘兰有国香。’说者谓似泽兰也。”《易经·系辞》：“同心之言，其臭如兰。”意思是志同道合之人讲出来的话，它的气味就像兰花一样（香），亦即互相听起来契合心意，心情舒畅，而非“话不投机半句多”。《左传·宣公三年》：“郑文公有贱妾曰燕姞，梦天使与己兰，曰：‘余为伯鯈。余，而祖也。以是为而子。以兰有国香，人服媚之如是。’既而文公见之，与之兰而御之。……生穆公，名之曰‘兰’。”意思是郑文公的妃子燕姞，梦到天神赐给她兰花，并且对她说：“我是伯倏。我是你的祖先，因此赐兰花给你。因为兰花有国色天香，佩戴上它的人，也会娇媚如兰。”不久后文公召见她，给了她兰花并且让她戴上。后来她生了个儿子，就是后来的郑穆公，并且取名为兰。因为这个典故，后来人们还以“梦兰”来指代怀孕生子。

兰花在中国已有两千多年的种植历史。《诗经·卫风·芄兰》：“芄兰之支，童子佩觿。……芄兰之叶，童子佩韘。”这是我国古籍中最早有关兰草的文字记载。兰花的品种非常多，中国兰花主要有春兰、建兰、蕙兰、墨兰、寒兰五大类和一些杂交品种（如“黄金小神童”是由蕙兰和建兰杂交的）。兰花中最有名的品种，如蝴蝶兰、大花蕙兰、莲瓣兰等，都是相当珍贵的。

大花蕙兰

在中华传统文化里，兰也被赋予了丰富的文化内涵，它是具有深邃内涵的文化之花，是中华民族优秀品德的结晶之花，兰文化也可谓是中华传统文化中的一颗璀璨明珠。古人贵兰，将兰视作人格化身，与人的高尚品德修养相结合，使兰赢得了香祖、国香、王者香、人格之花、民族之花的赞喻。而且这种思想渗透到人们的精神世界里，世代沿承，形成了具有多元文化特征的兰文化体系。

早在春秋时期，孔子就曾赞誉兰花有“王者之香”，东汉蔡邕《琴操·猗兰操》记载：“（孔子）自卫返鲁，过隐谷之中，见芗兰独茂，喟然叹曰：‘夫兰当为王者香，今乃独茂，与众草为伍，譬犹贤者不逢时，与鄙夫为伦也。”孔子还把兰花喻为君子，《孔子家语·在厄》：“芝兰生于深林，不以无人而不芳；君子修道立德，不为穷困而败节。”《孔子家语·六本》：“故曰与善人居，如入芝兰之室，久而不闻其香，即与之化矣。与不善人居，如入鲍鱼之肆，久而不闻其臭，亦与之化矣。丹之所藏者赤，漆之所藏者黑，是以君子必慎其所与处者焉。”孔子把兰花的自然特征与人的高贵品格志向相提并论，创造性地把养兰同教育、择友结合起来，将兰花融入了中华民族审美的核心“德”、“善”中，从而将兰花人格化，给兰花赋予了深刻的文化内涵，奠定了中国兰文化的基础，对后世产生了深远影响。据东汉《越绝书》记，比孔子稍晚一点的春秋末期的越王勾践就曾在浙江绍兴渚山种兰花以示明志。战国时期，伟大的爱国主义诗人屈原在他的《离骚》和《九歌》中，写下了许多歌咏兰花的诗句，将忠贞、高洁的情操注入兰花中。历代文人墨客、仁人志士吟兰诵兰的诗文画作，更是数不胜数，不断地丰富着中国兰文化的内涵。

例如王羲之、苏轼、王安石、陆游、朱熹、郑板桥、齐白石等，都是中国兰文化的倡导者和追随者。现当代咏兰诗中最著名的当为陈毅元帅的《冬夜杂咏 · 幽兰》：“幽兰在山谷，本自无人识。只为馨香重，求者遍山隅。”兰文化还融入了人们的日常生活中。例如人们将情投意合而结拜为异姓兄弟姐妹的行为称为“义结金兰”，将志同道合之人称为“兰交”，将女子的卧室称为“兰闺”，将贤人、志士亡归称为“兰摧玉折”，将文章写得好称为“兰章”，此外还有“兰石”、“兰襟”、“兰期”、“兰讯”、“兰魄”、“兰质”等许多美称。人们甚至还将不是兰花但招人喜爱的花卉都冠以兰的美名，如白玉兰、君子兰、紫罗兰、米兰等，真是爱屋及乌，犹如古代皇帝对功勋卓著或特别钟爱之人赐以国姓一样，荣宠有加。

梅：méi　小篆写作。形声字，从木，每声。《说文》：“梅，枏也。”《尔雅 · 释木》亦曰：“梅，枏。”“枏”在古文里是“楠”的异体字，所以“梅”的本义，其实是指楠树，后来才被假借用来表示梅花、梅子、梅花树，并且另造“楠”字来代替“枏”字表示楠树，“枏”字就废弃了。

因为这种原因，上古文献里的“梅”字，有些其实是指楠树

（即使是同一部书中同一字，所指不同，也是常见的，因其中篇章来源地不一，各地方言可能会名同而实异，加之传世文献在流传过程中，有些早期的古老文字可能会被篡改成后世通行字，也会造成字同而实异），却常被人误解，例如《山海经·中山经》："又东二百五十里，曰岐山，其上多白金，其下多铁，其木多梅、梓"，是指岐山上有很多楠树和梓树。又如《诗经·秦风·终南》："终南何有？有条有梅。"毛亨注解道："条，槄。梅，枏也。"槄是山楸树，枏是楠树，所以这两句诗的意思是，终南山上有什么？有山楸树和楠树。又如《诗经·陈风·墓门》："墓门有梅，有鸮萃止。"毛亨亦注解道："梅，枏也。"所以这两句诗的意思是，墓旁种有楠树，有猫头鹰聚集在上面。但是，大多数时候"梅"字又像今天理解的一样，是指梅子、梅树、梅花，如《诗经·召南·摽有梅》："摽有梅，其实七兮。求我庶士，迨其吉兮！"意思是说，梅子纷纷落下地，树上剩下有七成，追求我的小伙子，切莫错过好时辰。后来人们以"摽梅之年"指代女子已经长大到了出嫁的年龄。《山海经·中山经》："灵山其木，多桃、李、梅、杏。"清朝龚自珍《病梅馆记》："梅以曲为美，直则无姿；以欹为美，正则无景；以疏为美，密则无态。"唐朝柳宗元《早梅》："早梅发高树，迥映楚天碧。朔吹飘夜香，繁霜滋晓白。"意思是梅花在高高的树上早早地绽放，映衬着楚地碧蓝的高空；夜晚北风吹来缕缕清香，清晨严霜滋润着洁白的花容。

中国人视梅为吉祥物，把它视作吉庆的象征。古人说"梅具四德，初生为元，开花如亨，结子为利，成熟为贞”，又说梅花的五瓣象征“五福”，旧时春联有“梅开五福，竹报三多”之句，意思是梅花开了寓示着长寿、富贵、康宁、好德、善终五福临门，竹叶就像在向人们报送多福、多寿、多子三件美事（竹枝的末端通常呈“个”字形长三片叶）。梅在冬春之际开花，凌寒而开，“独天下而春”，是传春报喜的象征，因而古代又称梅花为“报春花”。梅又以“清雅俊逸”、“冰肌玉骨”、“凌寒留香”等特征而被喻为中华民族的精神象征，历来为世人所敬重推崇，吟咏歌颂，因而又形成了梅文化、梅文学。历代咏梅的诗文画作数不胜数，其中耳熟能详、脍炙人口的名篇也有成百上千，例如唐朝王维《杂诗三首》之二：“君自故乡来，应知故乡事。来日绮窗前，寒梅著花未?”北宋王安石《梅花》：“墙角数枝梅，凌寒独自开。遥知不是雪，为有暗香来。”南宋卢梅坡《雪梅》：“梅雪争春未肯降，骚人阁笔费评章。梅须逊雪三分白，雪却输梅一段香。”南宋陆游《卜算子·咏梅》：“驿外断桥边，寂寞开无主。已是黄昏独自愁，更著风和雨。无意苦争春，一任群芳妒。零落成泥碾作尘，只有香如故。”毛泽东读此词后，反其意而用之，也作了一首《卜算子·咏梅》：“风雨送春归，飞雪迎春到。已是悬崖百丈冰，犹有花枝俏。俏也不争春，只把春来报。待到山花烂漫时，她在丛中笑。”

梅雨：又称“黄梅天”，是指中国长江中下游地区、中国台湾、日本中南部、韩国南部等地，每年六月中下旬至七月上半月

梅花*

持续天阴下雨、潮湿闷热的气候现象，民间谚语曰“雨打黄梅头，四十五日无日头”，此时段正是梅子的成熟期，故称为“梅雨”。梅雨季节中，空气湿度大，气温高，衣物等容易发霉，所以也有人把梅雨称为“霉雨”。

梅妻鹤子：源于北宋的林逋，据沈括《梦溪笔谈》记载，他隐居西湖孤山，种植梅花，饲养仙鹤，终生未娶、不仕，故谓之“梅妻鹤子”，即以梅为妻，以鹤为子，后用以比喻清高或隐居。林逋的咏梅诗很多，其中最为人称道的当属《山园小梅》：“众芳摇落独暄妍，占尽风情向小园。疏影横斜水清浅，暗香浮动月黄昏。霜禽欲下先偷眼，粉蝶如知合断魂。幸有微吟可相狎，不须檀板共金樽。”

青梅竹马：源于唐朝李白的《长干行》：“妾发初覆额，折花门前剧。郎骑竹马来，绕床弄青梅。同居长干里，两小无嫌猜。”意思是，我的头发刚刚盖过额头，年纪还很小的时候，我俩常在门前折花做游戏，你常骑着竹竿当作马来我家，我手里把玩着刚才从门前折回的青梅花枝，我们绕着床（亦有说“床”是指古代的椅、凳、桌一类的东西，或井床，即水井周围的围栏）相互追逐嬉戏，我俩同在长干里居住，两个人从小都没什么猜嫌顾忌，真是烂漫单纯，天真无邪。后来人们就以“青梅竹马”来称呼小时候常在一起玩耍，尤其是长大后恋爱或结婚的男女。至于从小一起长大的同性朋友，则称为“总角之交”（古代儿童将头发分作左右两半，在头顶各扎成一个结髻，形如两个羊角，故称“总角”，用以指代未成年的少年儿童）。

青梅*

望梅止渴：源于南朝宋时期刘义庆的《世说新语・假谲》：“魏武行役失汲道，军皆渴，乃令曰：‘前有大梅林，饶子，甘酸可以解渴。’士卒闻之，口皆出水，乘此得及前源。”意思是，曹操带兵出征途中找不到有水的地方，士兵们都很口渴，于是曹操叫手下传令给士兵们说：“前面就有一大片梅林，结了许多梅子，又甜又酸，可以解渴。”士兵们听了后，想起梅子的酸味，产生了条件反射，就好像真的吃到了梅子一样，嘴里都流出口水来，一时也就不觉得渴了，因此他们才得以顺利地到达前方有水源的地方。后人遂将这个典故概括为“望梅止渴”，如北宋沈括《梦溪笔谈・讥谑》“吴人多谓梅子为‘曹公’，以其尝望梅止渴也”，并以之比喻愿望无法实现，便用空想来安慰或激励自己。

菊：jú　菊花。小篆写作。形声字，从艸，匊声。东晋陶渊明《归去来兮辞》：“三径就荒，松菊犹存。”唐朝孟浩然《过故人庄》：“待到重阳日，还来就菊花。”诗中的“就”，意为“接近，靠近”，“就菊花”是指饮酒赏菊，古人有重阳节饮酒赏菊的风俗。北宋周敦颐《爱莲说》：“水陆草木之花，可爱者甚蕃。晋陶渊明独爱菊……予谓菊，花之隐逸者也。”

菊花

菊花是多年生草本植物，它有许多别称：因为它有延年益寿的药用功能，故得名“寿客”、“傅延年”；因通常在农历九月开放，故又名“九华”、“九花”、“秋菊”；因它的美丽多姿，故得名“女茎”、“帝女花”；因古代菊花品种单一，多开黄花，故又称“黄花”、“金蕊”、“金英”；因东晋陶渊明特别钟爱与推崇菊花，故又名“陶菊”等。

菊花原产于中国，中国是世界菊花的起源中心，分布有较多的野生菊花。菊花在中国有着悠久的栽培历史。早在2 500年前的古籍中，就有关于菊花的记载。《礼记·月令》中，有“季秋之月……鞠有黄华”的记载。战国时，爱国诗人屈原的《离骚》中，有“朝饮木兰之坠露兮，夕餐秋菊之落英”之句。至汉朝，菊花又发展成为药用植物。自晋朝起，菊花已大量栽培，并被作为观赏花卉，现存有陶渊明的“采菊东篱下，悠然见南山”及“秋菊有佳色，裛露掇其英”等赏菊诗句。至唐朝，有几个不同花色的品种先后出现。到了宋朝，菊花由室外露地栽培发展到盆栽，并能用其他植物作砧木嫁接菊花，品种有了较大的发展，刘蒙泉所著的《菊谱》收有菊花品种 163 个，这是我国最早的菊花专著。而明朝王象晋所著的《群芳谱》则收录菊花品种 270 多个。世界上许多国家的菊花都是由中国传播过去的。公元386 年，中国菊花由朝鲜传入日本，至今已有 1 600 多年的历史。17 世纪末叶，荷兰人来我国经商，将菊花带回欧洲。18 世纪中叶，法国商人又从我国搜集许多优良品种，引种到了法国。19 世纪英国植物学家福均，将我国和日本的优良菊种进行杂交，在英国广泛传播，后来又从英国传入美洲。现在菊花已遍布全球，成为全世界人民所喜爱的花卉。

菊花不仅有观赏价值，还有其他多种功用。三国时期，曹操的儿子、魏文帝曹丕，曾经给他的好朋友钟繇写了一封谈菊花的信，信中说到，我派人送给你一束菊花，因为在秋天万木凋谢的时节，只有菊花绚丽多姿，茂盛地生长，可见它有些天地的真气，是可以延年益寿的好东西，因此送来供你研究长生的道理。东晋诗人陶渊明也在诗中常提到服菊，其中《九日闲居（并序)》

说："余闲居，爱重九之名。秋菊盈园，而持醪靡由，空服九华，寄怀于言。……酒能祛百病，菊解制颓龄。"南朝梁宗懔撰写的《荆楚岁时记》说："九月九日，佩茱萸，食莲耳，饮菊花酒，令长寿。"南宋陈景沂编撰的世界上最早的植物学辞典《全芳备祖》说，菊花"所以贵者，苗可以菜，花可以药，囊可以枕，酿可以饮。所以高人隐士篱落畦圃之间，不可一日无此花也"。明朝李时珍的《本草纲目》说，菊花"利五脉，调四肢，治头目风热，脑骨疼痛，养目血，去翳膜，主肝气不足"。可以说，古人很早就认识到菊花的价值，尤其是它具有的医疗保健作用。有些人甚至还认为菊花有长生、辟邪之效，早在两千多年前，东汉的应劭在《风俗通义》里就提到，河南南阳郦县有个叫甘谷的村庄，谷中水甜美，山上长着许多很大的菊花，一股山泉从山上菊花丛中流过，花瓣散落水中，使水含有菊花的清香，村里三十多户人家都饮用这山泉水，一般都活到130岁左右，最少的也有七八十岁。又据南朝梁吴均《续齐谐记》记载，东汉汝南有个叫恒景的人，跟从方士费长房学习道术，费长房对他说九月九日家中会有大灾，令家人登山饮菊花酒可消祸，恒景听说后带领全家登山避祸，等他们返家的时候，鸡犬俱已暴毙。从此，重阳节登高饮菊花酒便成为民间避祸去灾的传统习俗。

汉武帝时，皇宫中每到重阳节都要饮菊花酒，"云令人长寿"。我国志异笔记中，还多有服菊成仙的记述。不管怎么说，将菊花入药食用，有一定的医疗保健功效，这一点是毋庸置疑的，例如制作菊花酒（由菊花加糯米、酒曲酿制而成，古称“长寿酒”，其味清凉甜美），有养肝、明目、健脑、延缓衰老等功效；又如制作菊花茶（用菊花泡茶，气味芳香），可消暑、生津、祛风、润喉、养目、解酒。但要注意的是，菊花也是国际上著名的十大有毒观赏花卉之一，不适当的服用可能会引起拉肚子、呕吐等症状，而菊花的叶子等也有一定的毒性，直接服用其生的叶梗，或皮肤接触后可能会引起瘙痒、肿痛、喉痛等症状，因此不可盲目服用。

菊花隽美多姿，但不以娇艳姿色取媚，而以素雅坚贞取胜，它盛开在百花凋零之后，独立寒秋，傲霜斗雪，不畏严寒。人们爱它的清秀神韵，更爱它凌霜盛开、西风不落的一身傲骨。三国时期，司马昭的重要谋士钟会曾在其《菊花赋》中盛赞菊有天、地、人、德、神之五美：“夫菊有五美焉：圆华高悬，准天极也；纯黄不杂，后土色也；早植晚登，君子德也；冒霜吐颖，象劲直也；流中轻体，神仙食也。”人们赋予它高尚坚贞的情操，视之为民族精神的象征。菊作为傲霜之花，一直为诗人所偏爱，古人尤爱以菊明志，以此比拟自己的情操高洁，坚贞不屈。“菊”字还与我国的重阳节有渊源，因“九”为阳数，九月初九是两阳相重，故名“重阳”，西汉刘歆著作的《西京杂记》里说：“菊花舒时，并采茎叶，杂黍为酿之，至来年九月九日始熟，就饮焉，故谓之菊花酒。”重阳节正是一年的金秋时节，菊花盛开，因此“重阳节”又名“菊花节”，人们在这一天有赏菊、喝菊花酒等活动。据传赏菊及饮菊花酒，起源于东晋大诗人陶渊明。陶渊明以隐居出名、以诗出名、以酒出名，也以爱菊出名。北宋时期，在京师开封，重阳赏菊之风盛行，当时的菊花有很多品种，千姿百态。民间还把农历九月称为“菊月”，在菊花傲霜怒放的重阳节里，观赏菊花成了节日的一项重要内容。历代都有赏菊活动，南宋时期每年在宫廷中举行菊花赛会，展览名菊，晚上点燃菊花灯饮酒赏菊、写诗颂菊，民间花市还有“扎菊”活动。清朝以后，赏菊之习尤为昌盛，且不限于九月九日，但仍然是重阳节前后最为繁盛。现在，清明节拜祭祖先，或者有亲友逝世时，也常用白菊以寄哀思，因为白色的菊花代表着对逝去者的尊敬。此外，黄色的菊花代表着高雅的君子品格，紫红色的菊花代表着热烈的生命力。

历代咏菊的诗文画作数不胜数，其中的名句名篇，有东晋陶渊明的《饮酒》：“采菊东篱下，悠然见南山。”唐朝元稹《菊花》：“秋从绕舍似陶家，遍绕篱边日渐斜。不是花中偏爱菊，此花开尽更无花。”唐朝末年农民起义军领袖黄巢的《题菊花》：“飒飒西风满院栽，蕊寒香冷蝶难来。他年我若为青帝，报与桃花一处开。”及其《不第后赋菊》：“待到秋来九月八，我花开后百花杀。冲天香阵透长安，满城尽带黄金甲。”北宋苏轼《赵昌寒菊》：“轻肌弱骨散幽葩，更将金蕊泛流霞。欲知却老延龄药，百草摧时始起花。”北宋陆游《九月十二日折菊》：“黄花芬芬绝世奇，重阳错把配萸枝。开迟愈见凌霜操，堪笑儿童道过时。”

南宋李清照《醉花阴》：“薄雾浓云愁永昼，瑞脑消金兽。佳节又重阳，玉枕纱厨，半夜凉初透。东篱把酒黄昏后，有暗香盈袖。莫道不消魂，帘卷西风，人比黄花瘦。”毛泽东的《采桑子 · 重阳》：“人生易老天难老，岁岁重阳，今又重阳，战地黄花分外香。一年一度秋风劲，不似春光，胜似春光，寥廓江天万里霜。”

莲：lián　小篆写作。形声字，从艸，连声。本义是指莲子，如《说文》：“莲，芙蕖之实也。”《尔雅 · 释草》：“荷，芙渠。其茎茄，其叶蕸，其本蔤，其华菡萏，其实莲，其根藕，其中的，的中薏。”高诱注解《淮南子》时云：“荷，夫渠也。其茎曰茄，其本曰蔤，其根曰藕，其华曰夫容，其秀曰菡萏，其实莲，莲之藏者菂，菂之中心曰薏”，大致与《尔雅》所言相同。也可指莲花或整株。

莲是多年生草本植物，生浅水中。叶子大而圆，名曰荷叶。花以粉红、白色两种最为常见。种子叫莲子，包在倒圆锥形的花托内，合称莲蓬。地下茎叫藕。莲花有很多别称，如荷花、芙蕖、菡萏、泽芝、芙蓉、金芙蓉、水芙蓉、水芙、水芝、水华、水旦、玉环、六月春、六月花神、君子花、天仙花、水宫仙子、凌波仙子、静客、中国莲等。它原产于亚洲热带、温带地区，除

莲

中国外，印度、日本、俄罗斯、斯里兰卡、印度尼西亚、澳大利亚等国均有分布。中国在人工栽培前，早有野生的莲。据《中国花经》记载，古植物学家徐仁教授曾在我国青海柴达木盆地发现1 000万年前的荷叶化石。1973 年在浙江余姚县距今 7 000 年前的河姆渡文化遗址出土文物中发现 7 000 年前的荷花花粉化石粒，同年在河南郑州市距今 5 000 年前的仰韶文化遗址中发现两粒炭化莲子。西周初期（公元前 11 世纪），古人食用蔬菜 40 余种，莲藕是其中之一；2 500年前的古籍《诗经》就记载有“隰有荷华”之句；战国时期吴王夫差在太湖之滨为宠妃西施修建的玩花池中大量栽植荷花；隋唐时期也有芙蓉苑的记载。这些都是目前所知的早期实物证据与文献记载，由此也可见莲原产于中国是确凿无疑的。莲花是印度和越南的国花，1985 年 5 月被评为中国十大名花之一。

大王莲是比较稀奇的莲花品种，原产地是南美热带地区的亚马孙河。它拥有形状奇特似圆盘的巨大叶片，并以它那娇容多变的花色和浓厚的花香而闻名于世。其叶面直径可长达 2 ~ 3 米，周围有上翻的边以防止水浸到叶子表面去，浮于水面，十分壮观，据说能承载重达 80 公斤的成年人。这种莲花开放的时候，第一天是白色，第二天变成粉红色，第三天变成红色，第四天就凋谢了。

莲全身皆是宝。莲藕和莲子能食用。《本草纲目》等医书记载莲花、莲子、莲衣、莲房、莲须、莲子心、莲叶、莲梗、藕节等均可药用：莲花能活血化瘀、去湿消风、清心凉血、解热解毒；莲子能养心、益肾、补脾、涩肠；莲衣能敛，诸失血后，佐参以补脾阴，使统血归经；莲房能消瘀、止血、去湿；莲须能清心、益肾、涩精、止血、解暑除烦、生津止渴；莲子心清心、去热、止血、涩精；莲叶能清暑利湿、升阳止血、减肥瘦身，其中的荷叶碱成分对于清洗肠胃、减脂排瘀有奇效；莲梗能清热解暑、通气行水、泻火清心；藕节能止血、散瘀、解热毒。

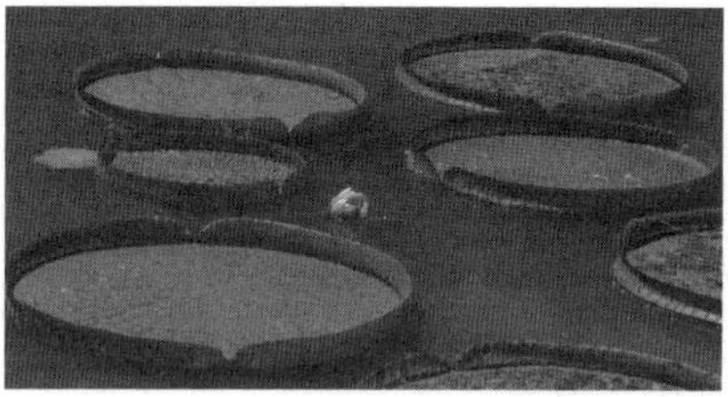

大王莲

相传莲花是王母娘娘身边的一个美貌侍女——玉姬的化身。当初玉姬看见人间双双对对，男耕女织，十分羡慕，因此动了凡心，在河神女儿的陪伴下私自下凡，来到杭州的西子湖畔。西湖秀丽的风光使玉姬流连忘返，忘情地在湖中嬉戏，到天亮也舍不得离开。王母娘娘知道后用莲花宝座将玉姬打入湖底，并让她"入淤泥，永世不得再登南天"。从此，天宫中少了一位美貌的侍女，而人间多了一种玉骨冰肌的鲜花。

莲因其高洁雅致、卓尔不凡的风姿，历来为古今文人墨客所歌咏称颂，成为中华文化和民族精神的象征。北宋周敦颐《爱莲说》："水陆草木之花，可爱者甚蕃。晋陶渊明独爱菊；自李唐来，世人盛爱牡丹；予独爱莲之出淤泥而不染，濯清涟而不妖，中通外直，不蔓不枝，香远益清，亭亭净植，可远观而不可亵玩焉……莲，花之君子者也"，这是对莲之高雅品行的最好概括。南宋杨万里《晓出净慈寺送林子方》："接天莲叶无穷碧，映日荷花别样红"，是对莲之美的真实写照。

在古典文学巨著《红楼梦》中，据说晴雯死后变成了白帝宫中芙蓉仙子，贾宝玉在祭悼晴雯的《芙蓉女儿诔》中写道："其为质，则金玉不足喻其贵；其为性，则冰雪不足喻其洁；其为神，则星日不足喻其精；其为貌，则花月不足喻其色。"此处则将莲花与女性的冰清玉洁联系在一起了。

由于"莲"与"怜"同音，所以古代诗词文化中还借"莲"以表达婚姻爱情（"怜"在古汉语中意为"爱"）。如用"并蒂莲"比喻夫妻恩爱，婚姻美满。南朝乐府《西洲曲》："采莲南塘秋，莲花过人头。低头弄莲子，莲子青如水。""莲子"即"怜子"，"青"即"清"。这里是实写也是虚写，语意双关，采用谐音双关的修辞，表达了一个女子对所爱男子的深深思念和爱情的纯洁。魏晋南北朝乐府诗集《子夜歌四十二首》之三十五中"雾露隐芙蓉，见莲不分明"之句，描写了雾气露珠隐去了荷花的真面目，莲叶可见但不甚分明，这也是利用谐音双关的方法，写出一个女子隐约地感到男方爱恋着自己。

6. 绿化类

竹：zhú　竹子。甲骨文写作，金文写作，小篆写作。象形字，像竹子或竹的枝叶之形。南朝刘宋时期戴凯之所撰《竹谱》："植类之中，有物曰竹。不刚不柔，非草非木。"唐朝柳宗元《小石潭记》："伐竹取道，下见小潭。"引申指箫笛一类的竹制乐器，如《礼记·乐记》："金石丝竹，乐之器也。"《周礼·春官·大师》："皆播之以八音：金、石、土、革、丝、木、匏、竹。"唐朝韩愈《送孟东野序》："金石丝竹匏土革木者，物之善鸣者也。"

竹子是多年生常绿植物，主要分布在中国、日本等亚太地区以及美洲。竹子的茎竿有节，中空，从土里长出的嫩芽叫竹笋，是美味的食物，可爱的大熊猫，就最喜欢吃竹子，它的食物99%都是竹子。竹子可供建筑用，可做造纸原料，还可以制成乐器，甚至是畋猎工具。东汉赵晔编撰的《吴越春秋》里载有一首反映原始社会狩猎生活的远古民歌《弹歌》："断竹，续竹，飞土，逐宍。"南朝齐、梁时期文学理论批评家刘勰在《文心雕龙》里称之为"黄歌断竹"，确认其为黄帝时代的"猎歌"，距今已有五六千年了。它虽然只有寥寥八字，却展现了一幅远古时代的狩猎

图：断竹，把竹子砍下来；续竹，用弦把竹段两头连接起来，做成弹弓；飞土，一颗颗土石弹丸从弹弓中发射出去；逐宍，射中猎物了，猎手们赶忙去追逐虽然受伤但还在挣扎逃跑的猎物。这首民歌简短、质朴，词句整齐，韵律和谐，体现了“劳者歌其事，饥者歌其食”、“感于哀乐，缘事而发”的现实主义传统风格。

竹子开花会导致竹子死亡：为什么竹子开花后就会枯死呢?这是人们长期感到迷惑不解的问题，科学家对此也持有不同观点。有些科学家认为，植物生长到一定的年龄，必然会衰老死亡，为繁衍后代，它们必须在生命结束之前开花、结果。但植物可依开花习性分为两大类：一类是多次开花植物，如苹果、梨等；一类是一次开花植物，如稻、麦等。一次开花植物一生只开一次花，其特点是生长前期营养生长占优势，生长后期生殖生长转向优势，最后开花结实。因为开花结实要消耗掉大量的养料，而这些养料来自根、茎、叶，所以开花结实后，营养器官中贮存的养料大部分被消耗，就会逐渐枯死。而竹子正是一次开花植物，所以在开花结实后，竹鞭（地下茎）、竹竿（地上茎）和竹叶内贮藏的养分被消耗尽，于是它也完成了自己的使命，开花后不久便绿叶凋零、枝干枯萎而死。而种子呢，则孕育着希望，等到在环境条件适宜的时候，再生根发芽长出新的竹子来。因此，竹子一旦开花就预示着它即将死亡。竹子是多年生的木质化植物，一般要活十几年或几十年才会开一次花，然后结籽，但是，如果遇到特殊的恶劣环境，例如特别干旱、严重的病虫害或营养不良等，也会提前开花，这时竹子会尽其所能，把所有的精华全部浓缩到花和种子中。等到开完花结完籽，竹子中贮藏的养分也就耗光了。不过，正常情况下，开花前的生长期内，竹子也可通过竹鞭来繁殖，竹鞭在土中逐渐肥大萌发，并且向上顶出，出土后，就是鲜嫩的竹笋，它长大后会长成郁郁葱葱的竹子，所以我们一般很少看到竹子开花。竹子开花现象，在我国古书中早有记载，如唐朝房玄龄等人所撰《晋书》："晋惠帝元康二年，草、竹皆结子如麦。又二年春，巴西（巴蜀以西）群竹生花。"又如北宋李昉等人所撰《太平御览》："竹生花，其年便枯。竹六十年而易根，易根必经结实而枯死，实落土复生，六年还成町。"近代，中外有关竹子开花的记载也不少。有趣的是，有时竹子还会出现越山隔省、跨海隔洲地开花。例如，1933 年我国浙江嘉兴的竹林开花，而安徽六安马头镇周围 10 公里的竹林也全部同时开花。又如，1907 年日本的淡竹开花，而远隔万里的英国皇家植物园中的淡竹也同时开了花。大面积竹林开花，会造成很大损失。1984 年夏季，我国四川卧龙自然保护区内的箭竹大量开花，开花后大片竹林枯死，造成不少珍稀动物大熊猫因缺食而死亡。

"湘妃竹"的传说：竹的种类很多，著名品种有楠竹、毛竹、湘妃竹、佛肚竹、凤尾竹、四方竹等。其中的湘妃竹又称"潇湘竹"、"斑竹"、"泪竹"、"泪痕竹"，原产于湖南省永州市的九嶷山。这些名称的由来，源于一个凄美的传说。据南朝梁任昉《述

大熊猫吃竹子*

异记》云："舜南巡，葬于苍梧（今之九嶷山），尧二女娥皇、女英泪下沾竹，久悉为之斑，亦名湘妃竹。"西晋张华《博物志》卷八："尧之二女，舜之二妃，曰湘夫人。舜崩，二妃啼，以涕挥竹，竹尽斑。"舜帝关心百姓疾苦，一直巡视到南方的九嶷山，因年事已高，积劳成疾，死后葬于九嶷山。他的两个妃子娥皇和女英，都是尧帝的女儿，久盼舜帝归来，却杳无音讯，于是跋山涉水，风餐露宿，到南方去寻找。终于来到了九嶷山，才得知舜帝已经病逝。二人万分伤心难过，号啕痛哭，一直哭了九天九夜，把嗓子哭哑了，眼睛哭肿了，眼泪也流干了。最后，哭出血来，她们也死在了舜帝的墓旁。娥皇、女英的眼泪和血泪，洒在了坟墓旁边的竹子上，竹竿和竹叶上便呈现出点点泪斑。这个凄美的传说，使得无数人为之感慨，历来也留下了许多吟诵的诗文。如唐朝诗人高骈《湘浦曲》："虞帝南巡去不还，二妃幽怨水云间。当时垂泪知多少，直到如今竹尚斑。"毛泽东《七律·答友人》："九嶷山上白云飞，帝子乘风下翠微。斑竹一枝千滴泪，红霞万朵百重衣。洞庭波涌连天雪，长岛人歌动地诗。我欲因之梦寥廓，芙蓉国里尽朝晖。"其中的"帝子"，指的就是尧帝的女儿娥皇和女英。

竹子是东方文明的象征，代表了中华民族的品格和情操。英国著名学者、东亚文明研究的权威李约瑟在《中国科学技术史》中指出东亚过去被称为“竹子”文明，中国则为“竹子文明的国度”。在中华传统文化里，竹被赋予了多种文化内涵。其中最主要的，是体现在精神文化方面。在我国源远流长的文化史上，梅、兰、竹、菊被称为“四君子”，松、竹、梅被誉为“岁寒三友”，由此可以一窥竹子的精神内涵。竹竿笔直挺拔，竹叶飘逸潇洒，竹子四季常绿，青翠欲滴，光洁无垢，姿态优美，当人们有闲情逸致漫步其中时，一种无限舒适和惬意之感便会油然而生。竹子无牡丹之富丽，无桃李之娇艳，它朴实无华，虚心向上，高风亮节，一尘不染，不惧艰辛，宁折不屈，高耸挺拔，坦诚无私，不苛求环境，不炫耀自己，默默无闻地把绿荫和全身奉献给他人。于是人们在长期的生产实践和文化活动中，把竹子的这些特征总结升华成了一种做人的精神风貌，列入人格道德美的范畴，并形成中华民族独有的一种品格、禀赋和美学精神的象征。竹子的空心，被引申为“虚心”，如白居易《养竹记》说：“竹心空，空以体道，君子见其心，则思应用虚受者”；竹子的竹节，被引申为“气节”；竹子的耐寒长青，被视为“不屈”，如郑板桥《郑板桥集 · 补遗》赞扬竹子：“盖竹之体，瘦劲孤高，枝枝傲雪，节节干霄，有似乎士君子豪气凌云，不为俗屈。”竹子的高挺，被视为“昂然”；竹子的清秀俊逸，被引申为“君子”等。从我国第一部诗歌总集《诗经》的时代开始，历代皆有咏竹诵竹的诗文画作，形成了中国独特的竹文学。如《诗经 · 卫风 ·

淇奥》："瞻彼淇奥，绿竹猗猗。有匪君子，如切如磋，如琢如磨。……瞻彼淇奥，绿竹青青。有匪君子，充耳琇莹，会弁如星。……瞻彼淇奥，绿竹如箦。有匪君子，如金如锡，如圭如璧。"即已将"绿竹"与"君子"联系在一起。《庄子·秋水》："南方有鸟，其名为鹓雏，子知之乎？夫鹓雏，发于南海而飞于北海，非梧桐不止，非练实不食，非醴泉不饮。"则将练实（竹子的果实）与似凤凰一类的神鸟"鹓雏"联系在一起，不是竹子的果实鹓雏宁愿饿死也不吃，凸显了竹子的高洁。《孔子家语·子路初见》曰："南山有竹，不揉自直，斩而用之，达于犀革。"赞扬了南山之竹的笔直和功用。历来的文人士大夫也偏爱竹，或以竹喻人，或以竹自喻，甚或与竹为伍，无竹不居。如《晋书·王徽之传》记载，王徽之居空屋中，便令种竹，曰："何可一日无此君？"北宋大诗人苏东坡则在《于潜僧绿筠轩》一诗中称"宁可食无肉，不可居无竹。无肉令人瘦，无竹令人俗。人瘦尚可肥，士俗不可医"。他在《记岭南行》中也说："岭南人，当有愧于竹。食者竹笋，庇者竹瓦，载者竹筏，爨者竹薪，衣者竹皮，书者竹纸，履者竹鞋，真可谓一日不可无此君也耶！"他在《墨君堂记》中也

练实（竹子开花所结的果实）*

盛赞竹曰：“风雪凌厉，以观其操；崖石荦确，以致其节。得志，遂茂而不骄；不得志，瘁瘦而不辱。群居不倚，独立不惧。”元朝王丹桂的《秦楼月・咏竹》一词也对竹赞誉有加：“性贞洁，柔枝嫩叶堪图写。堪图写，四时常伴，草堂风月。孤高劲节天然别，虚心永永无凋谢。无凋谢，绿阴摇曳，瑞音清绝。”清朝书画家、“扬州八怪”之一的郑板桥，也是无竹不居，留下了大量竹画和咏竹诗。在中国的成语典故里，关于竹子的也数目繁多，如青梅竹马、势如破竹、胸有成竹……此外，竹与中国的音乐文化也有着重要的联系，竹是制作乐器的重要材料，中国传统的吹奏乐器和弹拨乐器基本上是用竹制造的。因而竹子对中国音律的起源也产生了重要的影响，历史文献和考古资料证实，自周朝以后，历代多使用竹来定音律，故此，晋朝就以“丝竹”作为音乐的代称，并有“丝不如竹”之说，唐朝把演奏乐器的艺人称为“竹人”，可见竹是中国音乐文化中不可替代的物质载体。另外，在民俗方面，早在春秋时期，竹已成为吉祥平安的象征。“竹”字由两个“个”字组成（“个”字最初也被用为竹子的量词，如《史记・货殖列传》：“竹竿万个。”唐朝张守节注解道：“竹曰个，木曰枚。”直到清朝的《红楼梦》中，元妃省亲时，贾宝玉还题写了一首《有凤来仪》诗：“秀玉初成实，堪宜待凤凰。竿竿青欲滴，个个绿生凉”，描写竹子用的量词还是“个”）。两个“个”不分离，象征团结，象征爱情坚贞、夫妻幸福。“竹”又谐音“祝”，因此可用“祝（竹）君”、“祝（竹）福”之词赠人以美好幸福之意。在鞭炮发明之前，人们还以燃烧竹子发出的爆裂响声来驱逐邪祟，所以有“竹报平安”（竹爆平安）这个成语，表示趋吉避凶。

松：sōng　松树。金文写作，小篆写作。形声字，从木，公声。《说文》：“松，松木也。”《诗经·郑风·山有扶苏》：“山有乔松，隰有游龙。”《诗经·小雅·斯干》：“如竹苞矣，如松茂矣。”东晋干宝《搜神记·干将莫邪》：“出户望南山，松生石上，剑在其背。”《史记·龟策列传》：“千岁之松，上有兔（菟）丝，下有茯苓。”《玉台新咏·古诗为焦仲卿妻作》：“东西植松柏，左右种梧桐。”

松树一般为常绿乔木，高 20 ~ 50 米，最高可达 75 米（如美国的糖松），极少数为灌木状，如偃松和地盘松。松树皮多为鳞片状，枝呈轮状分展，叶针形成束，花单性，雌雄同株，结卵圆形或圆锥形球果。它对陆生环境适应性极强，可以耐受零下 60℃的低温或 50℃的高温，能在裸露的矿质土壤、砂土、火山灰、钙质土、石灰岩土、红壤等各类土壤中生长，耐干旱、贫瘠，喜阳光，因此是著名的先锋树种。

松树全身都是宝。树干是用途极广的木材，也是优质的造纸原料。松叶有药用价值，明朝李时珍《本草纲目》：“松叶，名为松毛，性温苦，无毒，入肝、肾、肺、脾诸经，治各脏肿毒，风寒湿症。”又说能够充饥，延年益寿。唐朝著名道士、医药学家孙思邈对松树情有独钟，创立了“服松子法、服松叶法、服松脂法”等自然养生方法。在现代农业养殖中，松叶还常被用来养殖蘑菇。松脂可制成松香、松节油，另外古代松柏树脂的化石叫作琥珀，西晋张华《博物志》卷四记载：“《神仙传》云：‘松柏脂入地千年化为茯苓，茯苓化琥珀。’”元朝贡师泰《赠天台李炼师》诗：“岁久松肪成琥珀，夜深丹气出芙蓉。”琥珀为淡黄、褐或红褐色，可制成精美饰品，如北宋苏轼《南歌子 · 楚守周豫出舞鬟因作之》：“琥珀装腰佩，龙香入领巾。”中医将其用为通淋化瘀、宁心安神的药，如《摭遗》：“吴邓夫人伤脸，以琥珀屑灭痕。”此外，松树全身都是很好的柴火燃料，其火旺盛少烟，且煮出来的食物更加清香美味。

松树

松树历来为人们所喜爱赞美，人们赋予它崇高、坚挺、长寿等文化内涵，因而松树也是中华民族的精神象征之一。松树具有高大挺拔的崇高美。它那高大挺拔的树身、郁郁葱葱的树冠，显示出它的庄严与崇高。早在《诗经》中就有“松柏丸丸”、“松桷有挺”、“松桷有梴”等诗句，赞美松树的正直、挺拔、高大。松树外观的高大端直和超群的实用价值，构成了它的崇高美。松树具有凌霜傲雪的坚贞美。在冰雪寒霜中，松树依然青翠茂密，经得起严寒的摧残。《论语 · 子罕》：“岁寒，然后知松柏之后凋也。”《荀子 · 大略》：“岁不寒无以知松柏，事不难无以知君子。”陈毅《青松》：“大雪压青松，青松挺且直。要知松高洁，待到雪化时。”愈是在困难的时候，愈能考察一个人的品格，检验他的高贵坚贞。松树具有顽强不衰的生命美。它不苛求环境，无论身处土地肥沃或贫瘠，水淹或干旱，平原丘陵或山巅石缝，都能茁壮成长，青葱苍翠。而且越是在贫瘠险恶的逆境，越是能显出它安身立命的本领与蓬勃旺盛的生机，展示出它顽强不衰的生命美。另外，松树的树龄长，少者百岁，长者逾千。因为这些特征，松树赢得了“百木之长”、“劲松”、“千年松”、“不老松”等美誉。在为人祝寿时，常常以松为祝词，如“松鹤延年”、“福如东海长流水，寿比南山不老松”等。松树具有千姿百态的形态美。松树高大茂盛，但又不呆板单一，它多姿多彩，潇洒飘逸，灵巧自然，或直冲云霄，或倒挂下垂，或流动卷曲，或盘龙回旋，或硬朗刚强，或绰约婀娜。真是不一而足，令人陶醉。

民间有一句广为流传的俗语：“吃松树叶，啃松树皮，全身上下不得病。”在20世纪五六十年代，人们的生活水平都很低，每家至少有五六口人，但吃的东西又少。每个月吃完生产队发的十几斤苞米，就只能自己去挖野菜、摘榆钱儿。“吃树皮、啃树叶”的生活整整影响了一代人，那时生活虽然艰苦，却能苦中作乐。可是现在经常大鱼大肉山珍海味，生活好了，身体反而没有以前的人那么健康、那么有精神了！在我们身边，到处都是得高血压、心脑血管疾病、糖尿病的人，不是他们吃得不好、生活得不好，相反是他们吃得太好、生活得太幸福了！现在，新的健康养生方法“松针自然疗法”再次风靡全球，成千上万的人成为松针自然疗法的受益者。松针服用方法多种多样：煮水法，将洗净浸泡过的松针切剪成三段，用水在锅里煮10～15分钟即可；泡水法，将洗净的松针切剪成三段，在大口热水瓶里冲入开水，焖半小时即可。一般松针可以煮泡数次，每次的口感和成分都不同，平时可以代茶叶喝，以保健为目的，无须煎得很浓，用量与茶叶差不多。要想松针茶不涩，可以稍微多煮些时间，或者把松针洗净后在清水里多泡一会儿。

黄山迎客松

黄山十大名松：中国安徽省的黄山素以奇松、怪石、云海、温泉四种景观享誉世界，被称为“黄山四绝”，而奇松位居“四绝”之首。黄山之松，以奇见长，松松不同，各具特色。而“黄山十大名松”更是这群“松家族”中的奇特精品。这十棵松树可不简单，个个都被列入了世界遗产名录。位列黄山奇松之首的，是迎客松，它挺立在玉屏峰东侧、文殊洞之上，破石而生，姿态苍劲，枝叶平展如盖，两大侧枝横空斜出，似展臂迎客，颔首向五湖四海的宾朋致意，地处海拔 1 680 米，树高 10.1 米，树龄 800 多年，是黄山松中的“元老”。其余九棵名为送客松、探海松、竖琴松、连理松、接引松、麒麟松、黑虎松、龙爪松、蒲团松，它们也是各有特色，树龄都在 300 年以上。

柏： bǎi　柏树。小篆写作。形声字，从木，白声。

柏树是裸子植物，多数为常绿乔木，少数为灌木，有侧柏、圆柏、扁柏、刺柏、龙柏、罗汉柏、福建柏、西藏柏、朝鲜崖柏、西伯利亚刺柏等品种，主要分布于欧亚和北美暖温带与亚热带地区。叶鳞形或刺形，可提取芳香油。球花单性，雌雄同株或异株，单生枝顶或叶腋。球果圆球形、卵圆形或圆柱形。木质坚韧耐用，纹理致密，有香气，可供建筑、桥梁、舟车、器具、文具、家具等用。多数种类在造林、固沙及水土保持等方面占有重要地位，不少种类的树形优美，叶色翠绿或浓绿，常被栽培作庭园树或陵园纪念树，还有些品种因为树冠呈圆锥形，常被作为圣诞树。

传统中医学认为，柏树发出的芳香气体具有清热解毒、燥湿杀虫的作用，可祛病抗邪，培养人体正气。据测验，其主要成分为菘萜、柠檬萜，这些天然物质不仅能杀灭细菌、病毒，净化空气，而且具有放松精神、稳定情绪的作用。人们吸入柏树的香味后，可使血压下降，大脑血流量减少，抑郁情绪得到缓解。有些国家开展森林疗法，让癌症病人到柏树林中去休闲娱乐，多数患者精神状态改善，有的还消除了化疗引起的恶心呕吐反应。柏树全身都是宝，树脂、树油、果实、枝节、树叶均能入药使用，而以侧柏的种子柏子仁和侧柏叶在临床上应用得最为广泛。柏子仁有养心安神、润肠通便的功用。柏叶有凉血、止血、祛风湿、散肿毒的功用，将鲜侧柏叶浸泡于70%的酒精中，用药液涂擦毛发脱落处，治秃顶非常有效。柏树叶的味道虽然苦涩，但含有丰富的油脂，并有特殊的芳香气味。

柏树

在传统文化里，柏树常与松树一道，为人们所喜爱、赞美，人们赋予它崇高、坚挺、长寿等文化内涵，柏树也是中华民族的精神象征之一。早在《诗经》中就有“松柏丸丸”之句，赞美松树和柏树的正直、挺拔、高大。《论语 · 子罕》与《荀子 · 大略》亦有论及松树和柏树具有凌霜傲雪的坚贞美，在冰雪寒霜中，它们依然青翠茂密，经得起严寒的摧残，而且愈是在困难的时候，愈能考察和体现出它们的高贵坚贞。因为它们在冬天也不凋谢，所以被看成是生命不朽的象征，人们常用“松柏常青”来祝愿健康长寿。

中国人历来喜欢在陵园墓地种植柏树，据说这起源于一种民间传说。相传古代有一种恶兽，名叫魍魉，性喜盗食尸体内脏，每到夜间，就出来挖掘坟墓，取食尸体。此兽灵活，行动迅速，神出鬼没，令人防不胜防，但其性畏虎怕柏，所以古人为避这种恶兽，常在墓地立石虎、植柏树。古人之所以认为柏树可以避邪，是古人对树、树神崇拜信仰的结果。上古有所谓“柏王”，“柏王”上有神灵存在，神树不能亵渎，否则也会遭到恶报。现在人们种植坟柏，一是因为柏树在传统文化里是崇高正义的化身，象征着对逝者一生功业的肯定和赞美；二是因为柏树四季常青，象征逝者虽死犹生、永垂不朽，生者长相哀思、追忆怀念；三是因为柏树树龄长，生命力强盛，人们寄望能受祖先庇佑，子孙繁衍昌隆。

杨：yáng　杨树。小篆写作。形声字，从木，昜声。《诗经 · 陈风 · 东门之杨》：“东门之杨，其叶牂

牂。……东门之杨，其叶肺肺。”《诗经·小雅·南山有台》：“南山有桑，北山有杨。”《易经·大过》：“枯杨生稊，老夫得其女妻，无不利。”

胡杨*

杨树是我国的主要树种之一，也是苏北平原地区四大用材树种——杨、柳、榆、槐当中居于首位的树种。世界上有100多种杨树，我国有53种。杨树天然树种分布最广的国家有俄罗斯、中国、加拿大、美国、法国等。中国是杨树的发源地，因此有“杨树之乡”的称号。杨树在中国具有十分悠久的栽培历史，最早可追溯到公元前7世纪，距今2 700多年。《诗经》中即有“东门之杨，其叶牂牂。……东门之杨，其叶肺肺”、“南山有桑，北山有杨”、“昔我往矣，杨柳依依”、“阪有桑，隰有杨”等句，战国时期《惠子》一书也有杨树繁殖记载，1 300多年前的《晋书》中的《关陇之歌》有“长安大街，夹树杨槐”的描述，可见杨树栽培年代之早。相比之下，西欧的杨树栽培只有不到300年历史，1745年才第一次出现杨树栽培的文字记载。

杨树容易种植繁殖，生长迅速，高大雄伟，可广泛应用于生态防护林、道路绿化、园林景观，也是家具制造和室内装修所需的木材，此外它也是涵养水源、保持水土、净化空气等环境整治方面的先锋树种。

柳：liǔ　柳树。甲骨文写作，金文写作，小篆写作。形声字，从木，丣声。《诗经·小雅·采薇》："昔我往矣，杨柳依依。今我来思，雨雪霏霏。"《史记·周本纪》："楚有养由基者，善射者也。去柳叶百步而射之，百发而百中之。"《古诗十九首》："青青河畔草，郁郁园中柳。"

柳属落叶乔木或灌木，枝条柔韧，细长下垂，叶狭长，春天开黄绿色花，种子上有白色毛状物，成熟后随风飞散。柳的种类很多，有垂柳、河柳、旱柳、杞柳、白柳等。柳有重要的经济用途，如树干可以作木材，枝条可以编篮筐等。有些品种如垂柳、白柳等还可以作为园林观赏树木。

柳是报春的使者，杜甫《腊日》诗即有"侵陵雪色还萱草，漏泄春光有柳条"之句，描写柳条最早透露春天的气息。柳条婀娜多姿，轻扬曼妙，《诗经》即有"杨柳依依"之句。由于自古以来人们都喜爱柳树，并对其吟咏歌颂，因而也形成了许多与柳有关的民间风俗和情趣盎然的柳文化，如插柳、折柳、戴柳、咏柳等。

插柳：清明节是柳条发芽返绿的时候，此时民间有插柳的习俗。古代寒食节（清明节）那天，家家门前会插柳枝。到宋朝时，这种习俗更盛，不仅门前插上柳枝，而且在头上戴个柳条帽圈，坐着插满柳条的车子、轿子，到郊外踏青游春。至今，还有不少人在清明扫墓时把柳条插在坟头上以示纪念，或在门上悬挂柳枝，这种习俗就是由此而来的。此外，据说清明节的来源，也与柳树有关。相传春秋战国时代，晋献公的妃子骊姬为了让自己的儿子奚齐继位，就设毒计谋害太子申生，申生被逼自杀。申生的弟弟重耳，为了躲避祸害，流亡出走。在流亡期间，重耳受尽了屈辱，只有少数几个忠心耿耿的臣子，一直追随着他，其中一人叫介子推。有一次，重耳饿晕了过去。介子推为了救重耳，从自己腿上割下了一块肉，用火烤熟了送给重耳吃。十九年后，重耳回国做了君主，就是后来著名的“春秋五霸”之一的晋文公。晋文公执政后，对那些和他同甘共苦的臣子大加封赏，唯独忘了介子推。有人在晋文公面前为介子推叫屈。晋文公猛然忆起旧事，心中有愧，马上差人去请介子推上朝受赏封官。可是，差人去了几趟，介子推都不来，晋文公只好亲自去请。当晋文公来到介子推家时，只见大门紧闭。介子推不愿见他，背着

柳树

老母躲进了绵山（今山西介休市东南）。晋文公便让人上山搜索，但没有找到。于是，有人出了个主意说，不如放火烧山，三面点火，留下一方，大火起时介子推会自己走出来的。晋文公于是下令举火烧山，不料大火烧了三天三夜，大火熄灭后，仍然不见介子推出来。上山一看，介子推母子俩抱着一棵烧焦的大柳树已经死了。晋文公望着介子推的尸体哭拜一阵，然后把介子推母子安葬在那棵烧焦的大柳树下。为了纪念介子推，晋文公下令把绵山改为“介山”，在山上建立祠堂，并把放火烧山的这一天定为寒食节，晓谕全国，每年这天禁忌烟火，只吃寒食。他还命人伐了一段烧焦的柳木，运到宫中做了双木屐，每天望着它叹道：“悲哉足下！”“足下”一词用于下级对上级或同辈之间相互尊敬的称呼，据说就是来源于此。第二年，晋文公领着群臣，素服徒步登山祭奠，表示哀悼。行至坟前，只见那棵老柳树死而复活，绿枝千条，随风飘舞。晋文公望着复活的老柳树，就像看见了介子推一样。他敬重地走到跟前，珍爱地掐了一枝，编了一个圈儿戴在头上。祭扫后，晋文公把复活的老柳树赐名为“清明柳”，又把这天定为清明节。

折柳：折柳赠别之俗始于西汉，它是表达“离情别意”的象征符号。“折柳”一词最早见于六朝无名氏所撰的《三辅黄图》卷六：“霸桥，在长安东，跨水作桥，汉人送客至此，折柳赠别。”李白《忆秦娥》亦云：“年年柳色，灞陵伤别。”西汉时长安灞桥两岸，堤长十里，一步一柳，离人多到此地惜别，折柳以赠，故此后“折柳”成为“送别”的同义语。古人赠柳，寓意丰富：一是柳树易生速长，用它送亲友意味着无论漂泊何方都能枝繁叶茂；二是柳条细柔曼长，犹如亲友间的绵绵情意，无尽别恨；三是柳与“留”谐音，折柳相赠有“挽留”之意。除了临行时“折柳赠别”，古人还“折柳寄远”，如南朝民歌《折杨柳歌辞》“柳条折尽花飞尽，借问行人归不归”，唐朝许景先《折柳篇》“折芳远寄相思曲，可惜容华难再持”，卢照邻《折杨柳》“攀折将安寄，军中音信稀”，张九龄《折杨柳》“纤纤折杨柳，持取寄情人”，唐彦谦《柳》“春思春愁一万枝，远村遥岸寄相思”等，都是吟咏折柳寄远的事象，借此表达对远方亲友的思念，祈盼早日归来。此外，远在他乡的人，也可以通过种植柳树，来表达对故乡的思念。“思乡植柳”源于唐太宗时文成公主远嫁吐蕃王朝开国之君松赞干布，特地从长安带去柳树苗种，植于拉萨大昭寺周围，以表达对故乡的思念。这些树后来被称为“唐柳”或“公主柳”，现在已成为藏汉民族友好交往的历史见证。

戴柳：“清明不戴柳，红颜成皓首”，“清明不戴柳，死后变黄狗”，这些民谣俗语，折射出戴柳习俗的内涵：一是柳枝具有辟邪的功用；二是含有祈愿春色长留人间，永葆青春的意思，表现了人们珍惜春光的良好心愿；三是寓意生机勃发、前程发达，俗话说：“有心栽花花不发，无意插柳柳成荫。”柳既是很容易扦插的树种，又是极易长大的速生树木，可谓生机蓬勃，因此戴柳又有前程发达之意。相传，黄巢起义时曾规定戴柳为号，就是取其生机勃发、容易成功的寓意。现在我国北方及闽台等地还有清明戴柳的习俗。

射柳：据有关资料记述，这是古人在清明前后开展的一项娱乐活动，即在距离柳树一百步远的地方，用弓箭射击悬挂的柳叶。这一活动起始于战国，流行于汉朝，至唐朝时，被官方确定为正式比赛项目。后来不知何人又出新招，把原来的射柳叶改成射葫芦：在葫芦里装一只鹁鸽，挂于百步之外的柳树上，射中葫芦，惊飞鹁鸽，以命中率高低决定胜负。虽是射葫芦，仍旧叫“射柳”。

赏柳：清明是踏青的大好时机。元朝《武林旧事》记载：“清明前后十日，城中仕女艳妆饰，金翠琛玉，接踵联肩，翩翩游赏，画船箫鼓，终日不绝。”踏青的一个重要内容是赏柳，这一点，从许多关于清明的诗词可以看出来，如南宋吴惟信《苏堤清明即事》：“梨花风起正清明，游子寻春半出城。日暮笙歌收拾去，万株杨柳属流莺。”

爱柳：春秋时有个柳下惠，原来不姓柳，因为很爱柳才改姓，于是他的后代都姓柳了。东晋的陶渊明，特意在堂前栽了五棵柳树，自号“五柳先生”。北宋的欧阳修曾在扬州平山溏掘土种植柳树，人称“欧公柳”。清初的蒲松龄临泉卜居，泉边栽柳，便自称“柳泉居士”。清末名将左宗棠出征西北时，命令军队在河西走廊沿途种柳，长达数千里，人称“左公柳”。现代画家丰子恺曾将屋子取名为“小柳屋”。现代史学家陈寅恪也特别爱柳，他的书房叫“寒柳堂”，其著述编为《寒柳堂集》。

喻柳：柳是美好的象征。柳叶初生，似睡眼刚展，故称“柳眼”，如唐朝李商隐《二月二日》：“花须柳眼各无赖，紫蝶黄蜂俱有情。”女子秀眉细长如柳叶，喻为“柳眉”，如唐朝王衍《甘州曲》：“柳眉桃脸不胜春。”女子身腰如柳条般柔软，故称“柳腰”，如唐朝韩偓《频访卢秀才》：“柳腰莲脸本忘情。”柳絮散落为絮绵，又称“柳绵”，如北宋晏殊《寓意》：“梨花院落溶溶月，柳絮池塘淡淡风。”北宋苏东坡《蝶恋花·春景》词：“枝上柳绵吹又少，天涯何处无芳草。”西晋卫瓘的书法像柳叶，世称“柳叶篆”。

咏柳：历代以来，咏柳之作数不胜数，其中的名句，如唐朝李白《春夜洛城闻笛》：“此夜曲中闻折柳，何人不起故园情。”杜甫《绝句》：“两个黄鹂鸣翠柳，一行白鹭上青天。”王维《送元二使安西》：“渭城朝雨浥轻尘，客舍青青柳色新。”韩翃《寒食》：“春城无处不飞花，寒食东风御柳斜。”王之涣《凉州词》：“羌笛何须怨杨柳，春风不度玉门关。”刘禹锡《竹枝词》：“杨柳青青江水平，闻郎江上唱歌声。”韩愈《早春呈水部张十八员外》其一：“最是一年春好处，绝胜烟柳满皇都。”北宋陆游《游山西村》：“山重水复疑无路，柳暗花明又一村。”近现代毛泽东《送瘟神》：“春风杨柳万千条，六亿神州尽舜尧。”唐朝贺知章的《咏柳》：“碧玉妆成一树高，万条垂下绿丝绦。不知细叶谁裁出，二月春风似剪刀。”南宋僧人志南的《绝句》：“古木阴中系短篷，杖藜扶我过桥东。沾衣欲湿杏花雨，吹面不寒杨柳风。”等等。

咏絮之才：形容女子特别有才华。源出东晋才女谢道韫。谢道韫是东晋女诗人，著名才女。她出身于晋朝王、谢两大家族中的谢家，陈郡阳夏（今河南太康）人，是东晋后期打败苻坚百万大军的一代名将谢安的侄女，安西将军谢奕的女儿，长大后成为大书法家王羲之的二儿媳，王凝之的妻子。谢道韫自幼聪慧，有才辩，后人称之为绝代才女、奇女。据南朝宋刘义庆《世说新语·言语》：“谢太傅寒雪日内集，与儿女讲论文义。俄而雪骤，公欣然曰：‘白雪纷纷何所似?’兄子胡儿曰：‘撒盐空中差可拟。’兄女曰：‘未若柳絮因风起。’公大笑，乐。”意思是说，在一个寒冷的下雪天，谢太傅（谢安）举行家庭聚会，跟子侄辈讲解诗文。不一会儿，雪下大了，谢太傅高兴地说：“这纷纷扬扬的大雪像什么呢?”太傅的侄子谢朗说：“把盐撒在空中差不多可以相比。”太傅的侄女谢道韫说：“还不如比作柳絮随风飞舞。”谢太傅对谢道韫的回答十分满意，高兴得大笑了起来。因为“柳絮因风起”既贴合雪花轻舞飞扬的神态，又高雅美妙，谢道韫逸兴巧思，颇具文才，所以人们称赞谢道韫是才女，后来便把在诗文创作方面卓有才华的女子赞誉为“咏絮之才”。

樟：zhāng　樟树。小篆写作。形声字，从木，章

声。南宋戴复古《大热五首》之一："吾家老茅屋，破漏尚可住。门前五巨樟，枝叶龙蛇舞。半空隔天日，六月不知暑。"

古樟

樟树又名香樟、芳樟、樟木子等，属于国家二级重点保护植物，原产中国南部各省，中国台湾、越南、日本等地亦有分布。樟树是湖南省长沙市、衡阳市，湖北省鄂州市，浙江省杭州市、宁波市、金华市，江苏省无锡市，江西省南昌市、上饶市、景德镇市、樟树市，贵州省贵阳市等多个地市的市树，可见其分布之广与重要性。樟树是常绿乔木，叶卵形，夏季开黄白色小花，果实黑色，大如豌豆，木质坚固、细致、美观，宜制家具、做箱柜、造船、雕刻，可以防蠹虫。

樟树的根、茎、枝、叶等都含有樟脑和樟油，可提取樟油和提制樟脑供医药及香料工业用。樟脑还有强心解热、杀虫之效，夏天如果到户外活动时可以摘取樟树的叶片，揉碎后涂抹在手脚表面上，有防蚊的功效。科学研究证明，樟树所散发出的松油二环烃、樟脑烯、柠檬烃、丁香油酚等化学物质，可净化有毒气体，有抗癌功效，过滤出的清新干净的空气，沁人心脾，长期生活在有樟树的环境中，会避免患上很多疑难病症。因其全株散发出特有的清香气息，故民间多称其为香樟。樟树的寿命很长，树龄可达1 000年以上。树龄高的樟树，往往遮天蔽日，高大无比，盘根错节，枝繁叶茂，绿荫生凉，相当壮观，因而在许多地区，尤其是乡村的村口或村中，会有一棵巨大的老樟树，成为标志性树种。人们甚至还会把它和神鬼联系起来，故而在民间一般都不砍伐生长已久的樟树，以免遭受神灵的降灾惩罚。

天然冰片：天然冰片又称天然右旋龙脑，既是名贵稀有的药材，又是高级香料，还是重要的化工原料。它原产于印度尼西亚苏门答腊，由当地的龙脑香树树脂提取，目前，这种树数量稀少，正面临资源枯竭。我国100多年来都依靠进口获取天然冰片，国内专家一直以来都在寻找新的植物资源。通过我国科技人员的不懈努力，在20世纪八九十年代，发现了龙脑樟、油樟、阴香三种樟科植物可提取天然冰片，使我国逐步摆脱对天然冰片进口的依赖。根据试验，每1千克龙脑樟树的叶子，可以提炼天然冰片5克。而目前每年国内天然冰片市场需要量约为500吨，国际市场约为10 000吨，每公斤天然冰片约价值10 000元人民币。天然冰片质地纯净，熏燃时香气浓郁，素有“植物麝香”之美称，而且烟气小，无论是在东方还是西方，历来都被视为珍品。唐宋时期，出产龙脑的波斯、大食国的使臣还专门把龙脑作为“国礼”送给中国的皇帝。龙脑香早在西汉时就已传入中国，据《史记·

货殖列传》记载，在西汉的广州已能见到龙脑香。在佛教里，龙脑既是礼佛的上等供品，也是“浴佛”的主要香料之一，还被列入密宗的“五香”（沉香、檀香、丁香、郁金香、龙脑香）。在盛产龙脑的地区，龙脑树的树膏也被用作佛灯的灯油。龙脑在中医里名为冰片，归于“芳香开窍类”药材。中医学认为龙脑为“芳香走窜”之品，内服有开窍醒神、散郁火、去翳明目之效，适用于神昏、痉厥等症；外用有清热止痛、防腐止痒之功，可治疗疮疡、肿痛、口疮等疾患。在《本草纲目》中，不仅记载了龙脑的一些形状特征，如“以白莹如冰，及作梅花片者为良。故俗呼为冰片脑，或云梅花脑”，还专门指出，用纸卷捻起龙脑，烧烟熏鼻，吐出痰涎，就可以治愈头痛病。龙脑不仅用于熏香和医药，还被用于美食。中国的宫廷御宴里，就有燕窝配龙脑的“会燕”；在南亚地区，夹有龙脑的槟榔是当地贵族阶层的上等食品；宋朝以前，人们就开始在由茶和米压制而成的茶饼中掺和香料做成“香茶”，所用的香料大多都是龙脑，或在压制茶饼之前以龙脑熏茶，或以龙脑浸水直接洒在茶上，也称为“龙脑茶”。

檀： tán　檀树。小篆写作。形声字，从木，亶声。《诗经 · 魏风 · 伐檀》：“坎坎伐檀兮，置之河之干兮。”

世界上的檀树有沉檀、檀香、紫檀、绿檀、黑檀、红檀几种。最为贵重的是沉檀，其次是檀香，再其次是紫檀，它们都是世界上极为稀少、名贵的木材之一，数百年来一直位居名贵木材之前列。

千年檀香树*

中国古典家具中，紫檀木家具以其独特的色彩、高雅的品位、细腻的手感、庄重的质感，成为明清帝王、达官显贵彰显身份地位的用具。时至现代，紫檀木家具更是收藏爱好者珍爱的藏品，在古董艺术品收藏中独领风骚。紫檀产于南洋群岛的热带雨林中，当地土地贫瘠，山坡陡峭，致使紫檀的生长十分缓慢，500 年以上方能成材。此外，紫檀有“十檀九空”之说，就是说以空心者居多，出材率极低，一般只有 10% ~20% 左右。这些因素是导致紫檀资源稀少、价格高昂的主要原因。我们的祖先最早认识和开发紫檀，并将之发展成一种高尚的家具文化。明朝郑和七下西洋，为明王朝采购回大量的紫檀原木。通过明清两朝数百年对紫檀的研究开发和无数工匠的努力，所制家具无不融入人们的思想、精神、个性，形成了一种独特的以宫廷为代表的家具文化，显示了皇权的威严。据史料记载，可用于制成家具的紫檀有十几种，但我国明朝至今所用制作家具的紫檀，主要分两大类：一类是海岛性紫檀，学名为檀香紫檀，中文名为紫檀，俗称老紫檀、犀牛角紫檀、金星紫檀，产于印度洋岛屿的热带雨林中，是常绿乔木，主干高 15 米以上，一般直径 20 厘米左右，树干挺直，空洞较少，用手指敲原材端面有清脆的金属声，边材黄褐白色，心材紫红色，有非常美丽的黑色花纹，并有极细密的布格（波浪）纹；一类是大陆性紫檀，学名为蔷薇木，中文名为印度紫檀，俗称新紫檀、牛毛纹紫檀、花梨纹紫檀，产于中国南方周边国家，是落叶乔木，大部分为灌木，主干高 5 米以上，最大直径 30 厘米以上，一般直径 15 厘米左右，树干扭曲少有平直，空洞极多，有“十檀九空”之说，边材黄褐白色，心材橙红黄色，少有黑色花纹，有非常细密的布格（波浪）纹。紫檀木是各种硬木中密度最大、最为坚硬的木种，其如丝如缎的材质、紫红晶莹鲜艳无比的花纹似琼山大川，如行云流水，胜碧玉琼瑶，加之精雕细琢的工艺，优美吉祥的图案，给人们带来极大的吸引力。紫檀的庄重、深沉、威严、富贵是任何木种都望尘莫及的。从古到今，紫檀被广泛地运用到家具生产之中，例如红木家具，部分就是以紫檀木为原材料而制造的。

明末紫檀木雕弥勒佛*

7. 其他类

荆：jīng　荆棘，一种灌木名。小篆写作。形声字，从艸，刑声。《说文》："荆，楚木也。"《左传·襄公十有四年》："我诸戎除剪其荆棘，驱其狐狸豺狼。"东汉桓谭《新论·琴道》："坟墓生荆棘，狐兔穴其中。"引申指荆条，古代可用为刑具，如《史记·廉颇蔺相如列传》："廉颇闻之，肉袒负荆，因宾客至蔺相如门谢罪。曰：'鄙贱之人，不知将军宽之至此也。'卒相与欢，为刎颈之交。"或引申指荆国，因其地多荆，如《吕氏春秋·察今》："荆人欲袭宋。"东汉隐士梁鸿的妻子孟光生活俭朴，以荆枝作钗，粗布为裙，后因以"拙荆"、"荆室"、"荆妇"谦称自己的妻子，如元末明初施耐庵《水浒传》第七回："智深道：'教头今日缘何到此？'林冲答道：'恰才与拙荆一同来间壁岳庙里还香愿，林冲听得使棒，看得入眼，着女锦儿自和荆妇去庙里烧香，林冲就只此间相等，不想得遇师兄。'"清朝蒲松龄《聊斋志异·狐嫁女》："遂有妇人出拜，年可四十余。翁曰：'此拙荆。'公揖之。"

荆轲刺秦王：秦将王翦破赵，掳赵王，继续北进，至燕国南界。燕太子丹恐惧，乃请民间高人荆轲刺杀秦王。公元前227年，荆轲带着燕国督亢（今河北省易县、霸州市一带，燕国肥沃之地）地图和秦国逃将樊於期首级，与12岁时即杀过人的燕国勇士秦武阳（又名秦舞阳）一同前往秦国。临行前，太子和他的宾客中知道这件事的人，都穿着白衣、戴着白帽给他送行。至易水上，高渐离击筑，荆轲和而歌，曰："风萧萧兮易水寒，壮士一去兮不复还！"荆轲来到秦国后，秦王在咸阳宫隆重召见了他。荆轲奉樊於期头函，秦武阳奉地图匣，依次进见，至殿前台阶下，秦武阳已色变振恐，群臣怪之，荆轲笑曰："北蛮夷之鄙人，未曾见过天子这样的大人物，所以战栗恐惧，请大王稍微原谅他些，让他能在大王面前完成使命。"秦王谓荆轲曰："起，取武阳所持图！"荆轲取图奉之，打开地图，地图全部打开后，匕首便露了出来。于是他左手抓住秦王之袖，右手持匕首刺之。秦王惊觉，挣扎着站起身，扯断了袖子，并想拔剑反抗。但是秦王的佩剑太长，剑又插得紧，在剑鞘中一时拔不出来。于是秦王绕柱而逃，荆轲绕柱追逐秦王。群臣惊愕，事发突然，全都手足无措，失去常态。按照秦国的法律，群臣侍殿上者，不得持尺寸之兵，而站在殿下持有兵器的宫廷侍卫，非有诏不得上。在这紧急关头，秦王又来不及召唤殿下侍卫上前，所以荆轲逐秦王，秦王与群臣仓促惊惶间只能赤手空拳搏之。只有侍医夏无且手中捧着个药囊，于是他就用药囊掷击荆轲。后来终于有人急中生智，喊道："王负剑！王负剑！"就是说，让秦王把腰间所佩之剑挪到背后再拔出来。于是秦王终于拔出了剑，砍刺荆轲。荆轲被砍断了左大腿而倒下，只好举起匕首尽力掷向秦王。可他并没有刺中秦王，只刺中秦王旁边的柱子。秦王又砍刺荆轲，荆轲受了八处伤。荆轲自知事已不成，倚柱而笑，盘着腿骂道："事情之所以不成功，是因为我想活捉你，强迫你订立一个契约（指不攻击燕国）来报答燕太子啊。"这时秦王的侍卫终于围上前来，乱剑斩杀了荆轲。秦王头晕目眩，好长一段时间后方才安定下来。东晋陶渊明有《咏荆轲》一诗："燕丹善养士，志在报强嬴。招集百夫良，岁暮得荆卿。君子死知己，提剑出燕京。素骥鸣广陌，慷慨送我行。雄发指危冠，猛气冲长缨。饮饯易水上，四座列群英。渐离击悲筑，宋意唱高声。萧萧哀风逝，淡淡寒波生。商音更流涕，羽奏壮士惊。心知去不归，且有后世名。登车何时顾，飞盖入秦庭。凌厉越万里，逶迤过千城。图穷事自至，豪主正怔营。惜哉剑术疏，奇功遂不成。其人虽已没，千载有余情。"

《荆轲刺秦王》邮票*

负荆请罪：秦昭襄王一心要使赵国屈服，接连侵入赵国边境，占领了一些地方。公元前279年，他又要了个花招，请赵惠文王到秦地渑池会见。赵惠文王开始怕被秦国扣留，不敢去。大将廉颇和蔺相如都认为如果不去，反倒是向秦国示弱。赵惠文王决定硬着头皮去冒一趟险。他叫蔺相如随同他一块儿去，让廉颇留在本国辅助太子留守。为了防备意外，赵惠文王又派大将李牧带兵五千人护送，相国平原君带兵几万人，在边境接应。到了预定会见的日期，秦王和赵王在渑池相会，并且举行了宴会，高兴地喝酒聊天。秦昭襄王喝了几盅酒，带着醉意对赵惠文王说："听说赵王弹得一手好瑟。请赵王弹个曲儿，给大伙儿凑个热闹。"说罢，真的吩咐左右把瑟拿上来。赵惠文王不好推辞，只好勉强弹一个曲子。秦国的史官当场就把这事记了下来，并且念着说："某年某月某日，秦王和赵王在渑池相会，秦王令赵王弹瑟。"赵惠文王气得脸都发紫了。正在这时候，蔺相如拿了一个缶，跪到秦昭襄王跟前，说："赵王听说秦王挺会秦国的乐器。我这里有个缶，也请大王赏脸敲几下助兴吧。"秦昭襄王勃然变色，不去理他。蔺相如的眼睛射出愤怒的光，说："大王未免太欺负人了。秦国的兵力虽然强大，可是在这五步之内，我可以把我的血溅到大王身上去！"秦昭襄王见蔺相如这股势头，十分吃惊，只好拿起击棒在缶上胡乱敲了几下。蔺相如回过头来叫赵国的史官也把这件事记下来，说："某年某月某日，赵王和秦王在渑池相会。秦王给赵王击缶。"秦国的大臣见蔺相如竟敢这样伤秦王的体面，很不服气，有人站起来说："请赵王割让十五座城给秦王上寿。"蔺相如也站起来说："请秦王把咸阳城割让给赵国，为赵王上寿。"秦昭襄王眼看这个局面十分紧张，他事先已探知赵国派大军驻扎在附近，真的动起武来，恐怕也占不到便宜，就喝住秦国大臣，说："今天是两国君王欢会的日子，诸位不必多说。"这样，两国渑池之会总算结束了，赵王得以体面地全身而退。加上之前蔺相如出使秦国，完璧归赵，所以赵王十分赏识蔺相如，认为他功劳大，封他为上卿，位在廉颇之上。廉颇因此很不服气，私下对自己的门客说："我是赵国大将，立了多少汗马功劳。蔺相如有什么了不起？倒爬到我头上来了。哼！我见到蔺相如，总要给他点颜色看看。"这句话传到蔺相如耳朵里，蔺相如就装病不去上朝。有一天，蔺相如带着门客坐车出门，老远就瞧见廉颇的车马迎面而来。他叫赶车的退到小巷里去躲一躲，让廉颇的车马先过去。这件事可把蔺相如手下的门客气坏了，他们责怪蔺相如不该这样胆小怕事。蔺相如对他们说："你们看廉将军跟秦王比，哪一个势力大？"他们说："当然是秦王势力大。"蔺相如说："对呀！天下的诸侯都怕秦王。为了保卫赵国，我就敢当面责备他。怎么我见了廉将军倒反怕了呢。因为我知道，强大的秦国不敢来侵犯赵国，就因为有我和廉将军两人在。要是我们两人不和，秦国知道了，就会趁机来侵犯赵国。就为了这个，我宁愿忍让些。"有人把这件事告诉廉颇，廉颇听了感到十分惭愧，就裸着上身，背着荆条，跑到蔺相如的家里去请罪。廉颇见了蔺相如说："我是个粗鲁人，见识少，气量窄。哪儿知道您竟这么忍让我，我实在没脸来见您。请您责打我吧。"蔺相如连忙扶起廉颇，说："咱们两个人都是赵国的大臣。将军能体谅我，我已经万分感激了，怎么还来给我赔礼呢。”两个人都激动得流下了眼泪。从此以后，两人就成为知心朋友。

茅： máo　茅草。金文写作，小篆写作。形声字，从艸，矛声。亦称“白茅”，俗称“茅草”，多年生草本植物，春季先开花，后生叶，花穗上密生白毛，根茎可食，亦可入药，叶可编蓑衣。明朝李时珍《本草纲目·草二·白茅》：“茅有白茅、菅茅、黄茅、香茅、芭茅数种，叶皆相似。白茅短小，三四月开白花成穗，结细实，其根甚长，白软如筋而有节，味甘，俗呼丝茅，可以苫盖及供祭祀苞苴之用。”《左传·僖公四年》：“尔贡包茅不入，王祭不共，无以缩酒。”意思是你们应当进贡的束成捆的茅草没有交纳，导致周王室的祭祀用酒供应不上，因为没有用来过滤酒渣的东西。古代祭祀时，用裹束着的菁茅来滤去酒中渣滓，提纯酒水。唐朝杜甫《茅屋为秋风所破歌》：“八月秋高风怒号，卷我屋上三重茅。”《礼记·杂记》：“大夫之丧，其升正柩也，执引者三百人，执铎者左右各四人，御柩以茅。”御柩以茅，就是用茅草编成的绳索将灵柩抬升起来。

名列前茅：现在参与各项竞赛、评比，往往有“名列前茅”

茅草

之说。“前茅”的最初含义其实与行军、作战有关。“前茅”一词最早见于《左传·宣公十二年》：“军行：右辕，左追蓐，前茅虑无，中权，后劲。”意思是说，军队行军时，右军跟随主将的车辕进退，左军打草作为歇息的准备，前哨如遇敌情则举茅草以示警，中军统筹谋划见机行事，以精英劲兵为后殿，战则用为奇兵，归则用为断后。不过也有人认为此句中的“茅”是“牦”的假借字，应该解释为“牦”，如清朝王引之《经义述闻》：“茅当读为牦。牦，正字也；茅，借字也。盖牦旌之饰，或以羽，或以牦。……其用牦者，则谓之牦旌也。”意思是古人用牦牛尾巴系于旗帜之上作为装饰，这种旗帜称为“牦旌”，先头部队扛举牦旌引领后军，遇敌则以牦旌示警。不论这两种解释究竟哪一种才是准确的，“前茅”都可借指行军中处于最前端位置的部队、先锋。南北朝庾信《周上柱国齐王宪神道碑》：“六军星陈，万骑雷动，前茅已战。”“前茅”即指先头部队。所以，后来“前茅”一词逐渐引申指名次、成绩领先、排列于前之意，如清朝蒲松龄《聊斋志异·郭生》：“自以屡拔前茅，心气颇高，以是益疑狐妄。”

桑：sāng　桑树。甲骨文写作，金文写作，小篆写作。象形字，像一棵桑树，上部像其枝叶。《说文》：“桑，蚕所食叶木。”《诗经·秦风·黄鸟》：“交交黄鸟，止于桑。”《礼记·月令》：“季春之月，命野虞毋伐桑、柘。”《史记·货殖列传》：“齐鲁千亩桑麻，渭川千亩竹，……此其人皆与千户侯等。”意思是说在齐鲁地区有种千亩桑树、麻树的人，在渭川有种千亩竹子的人，种植主因此所获财富足以相当于千户侯的俸禄。又指桑叶，如古乐府《陌上桑》：“秦氏有好女，自名为罗敷。罗敷善蚕桑，采桑城南隅。”后两句意思是说罗敷善于养蚕采桑，她到城南头采桑叶。

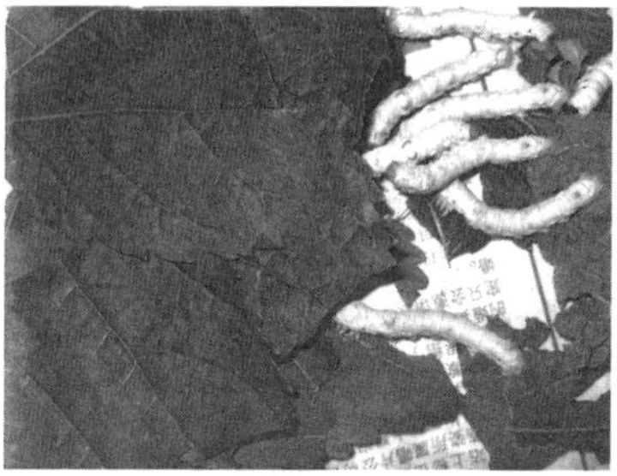

桑蚕

桑树是一种桑属的落叶乔木，树皮有浅裂，叶子椭圆形，花单性，花被黄绿色，叶子是蚕的饲料，嫩枝的韧皮纤维可造纸，果实可以吃，嫩枝、根的白皮、叶和果实均可入药，在古代是一种重要的经济林种。在亚洲、非洲、美洲、大洋洲等地均有野生桑生长，以亚洲最多，自然生长的桑树树龄可达千年以上。而栽培桑的分布与养蚕业有密切联系，主要集中在中国、日本和印度等国。中国是栽桑养蚕最早的国家，远在殷商时代，甲骨文中已有“桑”字出现，战国青铜器上有提筐采桑的图纹，《孟子》有“五亩之宅，树之以桑，五十者可以衣帛矣”之说，均可证明中国栽种和利用桑树之早。

“桑梓”比喻故乡：“桑梓”一词，最早见于《诗经·小雅·小弁》：“维桑与梓，必恭敬止。靡瞻匪父，靡依匪母。”意思是说，见到了桑树和梓树，我便想起父母也在家里的庭院中种了它们，于是便对它们恭恭敬敬，何况来到父母跟前呢？所以见了父亲，没有不抬头仰望的，见了母亲，没有不贴身依靠的。“桑梓”是桑树和梓树的合称，它们都是很有实用价值的树木，因为古人常常在住宅四周栽种这两种树，又因为它们通常是父母祖辈亲手栽种的，所以后人便以“桑梓”喻指故乡，或指家乡的父老乡亲。例如，东汉张衡《南都赋》：“永世克孝，怀桑梓焉；真人南巡，睹旧里焉。”东晋袁宏《后汉纪·明帝纪上》：“中国者，先王之桑梓也。”唐朝柳宗元《闻黄鹂》诗：“乡禽何事亦来此，令我生心忆桑梓。”元朝刘埙《隐居通议》：“某不材，见弃于时，桑梓羞之。”毛泽东《七绝·改诗赠父亲》：“孩儿立志出乡关，学不成名誓不还。埋骨何须桑梓地，人生无处不青山。”现在赞扬某人为家乡造福，也往往会用“功在桑梓”一类的词句。

桑树“气破肚”：桑树身上有一条裂缝，叫“气破肚”。据民间传说，那是桑树被东汉开国皇帝光武帝刘秀给气的。西汉末年，王莽篡位当了皇帝，他为消除后患，派兵追杀刘秀。刘秀逃出京城，一直往前跑，连跑了几天几夜，又饿又累。这天，刘秀跑着跑着只觉得眼前一黑，一头栽倒在路边一棵桑树底下，这个时候正是桑葚成熟的季节，一阵风刮过来，桑葚落了一地，有几个正好掉在刘秀嘴里，刘秀觉得又酸又甜，他起来一看，是树上掉下来的桑葚，连忙拾起来饱餐了一顿。人在落难时得到帮助，往往会感恩不尽，刘秀在走的时候，对桑树发誓说："来日我登基为帝，必封你为树王！"后来，刘秀打败王莽当了皇帝，他念念不忘自己的誓言，带领群臣来到当年吃桑葚得救的地方举行封树仪式。这时正值冬天，树叶都落了，什么树从表面看都一样。刘秀有些大意了，也不辨真假，就把长在桑树一边的椿树封了王。从此，椿树长得又高又快，受到人们的尊敬。刘秀错封了树王，桑树越想越生气，到最后气破了肚皮，留下一条裂缝，成了"气破肚"。柳树当时也长在桑树旁边，它为桑树打抱不平，桑树生气它也生气，桑树气破了肚皮，它也气得扭了腰，成了"扭扭腰"，真可谓"赏罚不明，木也不平"。

麻： má　金文写作，小篆写作。会意字，从广，从𣏟。广表示房子，𣏟指削制的麻皮，合起来表示在家里劈麻，进行剥制。《诗经 · 王风 · 丘中有麻》："丘中有麻。"《诗经 · 陈风 · 东门之池》："东门之池，可以沤

麻。”陶渊明《归园田居》：“我麻日已长，我土日已广。”

麻

麻是一年生草本植物，有大麻、亚麻、苎麻、黄麻、剑麻、蕉麻、苘麻、洋麻等种类，其茎部韧皮纤维长而坚韧，古代人们常将其皮剥下来，取其纤维，纺织成布，或制作成绳索、包装用袋等。

古代“五谷”说中，一种说法是有稻而没有麻，另一种说法是有麻而没有稻。其中的麻，指的是胡麻。胡麻是一种油用型亚麻，其麻籽绿豆大小，可以食用，可以用来榨油，但主要还是用它的纤维来织布编绳。谷指的是粮食作物，前一种说法没有把麻包括在五谷里面，今天看来比较合理；但是从另一方面来说，当时的经济文化中心在北方，稻是南方作物，不适合北方栽种，所以五谷中有麻而没有稻，也有可能。

古代等级森严，贫富悬殊，普通大众只能穿麻布做成的衣服，而上层人物、富贵人家通常穿的是用蚕丝制成的绫罗绸缎。所以“布衣”一词，就是指平民百姓所穿的普通廉价的麻布衣服，或者直接借用来指代平民百姓。今天的“布”，通常指的是棉布。棉花种植最早出现在公元前5 000—4 000年的印度河流域，南北朝时期引入中国边疆一带种植，南宋时才传入中原地区，而且最初是被种在花园里作为“花”来观赏的。如今，中国已成为世界上棉花产量和用量最大的国家，但是在这之前的几千年里，都是由麻布占据主要地位。

麻织物是纯天然纤维，具有吸湿散湿快、透气性良好、断裂强度高、弹性差、伸缩性小、较为粗糙等特点。随着相对而言更为轻质、柔软、舒适，而且价格也较为低廉的棉布的普及，麻布就逐渐淡出历史舞台了，除了麻布袋、治丧披麻戴孝等少数情况下会用到麻布外，一般都很少见到麻布了。不过近来随着人们回归自然、返璞归真风潮的兴起，加之麻织物独特的粗犷风格和凉爽透湿性能，麻布衣服又重新占据了一定的市场，不过它们也通常是由麻与棉、毛、化纤等材料混纺而成，以综合它们各自的优势，单独的纯麻织物还是相当罕见的。

二、植物性状及相关汉字

性状，是指性质和状态。植物的性状，指植物本身所具有的性质和表现出来的状态。

（一）表性质

性质是某一事物所包含的属性、品质。植物的性质，指它内里所蕴含的气味、颜色、质地、功效等特征。

芳：fāng　芬芳，芳香。小篆写作。形声字，从艸，方声。《说文》：“芳，草香也。”原本是指花草的香气，如《荀子·宥坐》：“且夫芷兰生于深林，非以无人而不芳。”汉武帝《秋风辞》：“兰有莠兮菊有芳，怀佳人兮不能忘。”《离骚》：“何所独无芳草兮，尔何怀乎故宇？”东晋陶渊明《桃花源记》：“芳草鲜美，落英缤纷。”后可扩大指其他事物的香气，如西汉刘安《淮南子·说山训》：“钓鱼者，务在芳其饵。”或用来比喻人的美名、美德，如东汉蔡邕《刘镇南碑》：“昭示来世，垂芳后昆。”或表示对他人的美称，如《红楼梦》：“原来今日也是姐姐的芳诞。”清朝梁绍壬《两般秋雨庵随笔》：“京师女儿美如玉，最妙芳龄十五六。”

香： xiāng　芳香。小篆写作。会意字，从黍，从甘。“黍”表谷物，“甘”表香甜美好。《说文》：“香，芳也。从黍，从甘。《春秋传》曰：‘黍稷馨香。’”原本是指五谷的香气，后泛指好闻的气味，如《淮南子·外储说左下》：“树橘柚者，食之则甘，嗅之则香。”北宋周敦颐《爱莲说》：“予独爱莲之出淤泥而不染，濯清涟而不妖，中通外直，不蔓不枝，香远益清，亭亭净植。”北宋欧阳修《醉翁亭记》：“酿泉为酒，泉香而酒洌。”

苦： kǔ　苦涩。小篆写作。形声字，从艸，古声。《说文》：“苦，大苦，苓也。”原本是指大苦，一种苦菜（不过北宋沈括《梦溪笔谈》曰：“此乃黄药也，其味极苦，谓之大苦。”则指一种苦药），如《诗经·唐风·采苓》：“采苦采苦，首阳之下。”《穆天子传》：“天子于是食苦。”后由名词引申为形容词，表示味苦，如《诗经·邶风·谷风》：“谁谓荼苦？其甘如荠。”

《素问·五运行大论》："苦胜辛。"明朝刘基《苦斋记》："故植物中之，其味皆苦。"或引申为痛苦、困苦，如唐朝杜甫《石壕吏》："吏呼一何怒！妇啼一何苦！"北宋苏轼《教战守》："王公贵人所以养其身者，岂不至哉？而其平居常苦于多疾。至于农夫小民，终岁劳苦，而未尝告疾，此其故何也？"

苍： cāng　深青色，深绿色。小篆写作。形声字，从艸，仓声。《说文》："苍，草色也。"原本是指草的颜色，后可扩大指人或其他事物的颜色，如《诗经·秦风·黄鸟》："彼苍者天。"《吕氏春秋·孟春纪》："乘鸾辂，驾苍龙。"后又可扩大指灰白色，如唐朝白居易《卖炭翁》："满面尘灰烟火色，两鬓苍苍十指黑。"

柔： róu　柔软。小篆写作。形声字，从木，矛声。《说文》："柔，木曲直也。"段玉裁《说文解字注》："凡木曲者可直，直者可曲，曰柔。"原本是指植物的质地柔软，可曲可直，如《诗经·小雅·小弁》："荏染柔木，君子树之。"明朝袁宏道《满井游记》："柳条将舒未舒，柔梢披风。"后可扩大指人或其他事物的柔软，如李清照《点绛唇》："寂寞深闺，柔肠一寸愁

千缕。”又可引申指柔和、温和、温柔等，如《管子·四时》：“然则柔风甘雨乃至。”《礼记·内则》：“问所欲而敬进之，柔色以温之。”曹植《洛神赋》：“柔情绰态，媚于语言。”

（二）表状态

状态是某一事物所表现出来的形状、态势。植物的状态，指它外部所表现出来的姿态、长势、群落等特征。

茁：zhuó　小篆写作。会意兼形声字，从艸，从出，出亦声。《说文》：“茁，草初生出地貌。”原本是指草刚从土里钻出来，顽强旺盛的样子，如《诗经·召南·驺虞》：“彼茁者葭……彼茁者蓬……”后可扩大指其他动植物旺盛生长的样子，如春秋时期令尹喜《关尹子·八筹》：“草木俄茁茁，俄停停，俄萧萧。天地不能留，圣人不能系，有运者存焉。”唐朝崔珏《门前柳》：“忆昔当年栽柳时，新芽茁茁嫌生迟。”《孟子·万章下》：“牛羊茁壮，长而已矣。”

萋：qī　小篆写作。形声字，从艸，妻声。《说文》：“萋，草盛。”是指草茂盛的样子。《诗经·小雅·

出车》："春日迟迟，卉木萋萋。"唐朝崔颢《黄鹤楼》："晴川历历汉阳树，芳草萋萋鹦鹉洲。"

蕃： fán　小篆写作。形声字，从艸，番声。《说文》："蕃，草茂也。"指草茂密的样子。

荟： huì　小篆写作。形声字，从艸，会声。《说文》："荟，草多貌。"原本是指草多的样子。后引申作动词，表示"荟萃、聚集"义。

萃： cuì　小篆写作。形声字，从艸，卒声。《集韵》："萃，草盛貌。"原本是指草丛生、草茂盛的样子。后引申作动词，表示"荟萃、聚集"义，与"荟"为同义词。

三、与植物有关的动作及相关汉字

人类活动中的许多动作，是与植物直接或间接相关的。

析：xī　甲骨文写作，金文写作，小篆写作。会意字，从木，从斤，像是用斤（斤是古代的一种斧头）将木劈开。《说文》：“析，破木也。”本义是指用斧头将树木、柴薪劈开，如明朝方孝孺《双桂轩铭》：“扶桑可薪，析木可焚。”《诗经·齐风·南山》：“析薪如之何？匪斧不克。”意思是怎么样才能劈开柴薪啊？没有斧头不行。《左传·昭公七年》：“其父析薪，其子弗克负荷。”意思是父亲辛苦地劈柴，儿子却不能背负担当，后用“以荷析薪”比喻子承父业。引申指分析、辨析事物或道理，如《庄子·天下》：“判天地之美，析万物之理。”东晋陶渊明《移居》：“奇文共欣赏，疑义相与析。”

休：xiū　甲骨文写作，金文写作，小篆写作

。会意字，从人，从木，像人靠在树旁的样子。《说文》：“休，息止也。”本义是指人依傍在树旁或树荫下休息，如《诗经·周南·汉广》：“南有乔木，不可休思。”北宋欧阳修《醉翁亭记》：“负者歌于途，行者休于树。”后可扩大指在其他处所休息，如《聊斋志异》：“既暮，休于旅舍。”又引申指停止、结束，如《西游记》：“苦争数合无高下，太子心中不肯休。”《水浒传》：“我有一条苦计，若救他不得，我和你都休。”

相：xiàng　甲骨文写作，金文写作，小篆写作。会意字，从木，从目，像是用眼睛观察树木。《说文》：“相，省视也。《易》曰：‘地可观者，莫可观于木。’”古代人口数量少，人工建筑物也少，森林植被覆盖率高，因而地面上最常见、最引人注目的，应该就是树木了。所以在为“观察、考察”这个动作造字时，古人就选择了树木作为代表性对象。“相”的本义是仔细观察、考察。除了可以相树，还可用于相其他事物，如《尚书·召诰》：“惟太保先周公相宅。”是说周成王打算在洛地建立新都，便委派太保召公奭在周公旦去考察之前，先到洛地考察营建都城的详情。《论衡·订鬼》：“伯乐学相马，顾玩所见，无非马者。”意思是说

伯乐当初学习相马的时候，全神贯注，忘我投入，无论什么时候，眼里所看到的只有马，对其他东西视而不见，漠不关心。《史记·高祖本纪》：“吕公曰：‘臣少好相人，相人多矣，无如季相。愿季自爱。臣有息女，愿为季箕帚妾。’”意思是，吕公对刘邦说：“我从年轻的时候就喜欢给人相面，我相过面的人多了，没有谁能比得上您刘季（季是刘邦的字。刘邦姓刘，名邦，字季。古人称对方的字表示尊重，如果直呼其名是很不礼貌的行为）的面相。希望您能好自珍重，有所作为。我有一个亲生女儿，愿意许配给您，做一名为您打扫卫生的侍妾。”

染： rǎn　小篆写作。会意兼形声字，从木，从水，从九，杂亦声。最初染布的颜料是由植物汁液提炼而成，故从木；染料须调配成液体，故从水；染色须反复进行，故从九。《说文》：“染，以缯染为色。”本义是指将布帛染上颜色，如《周礼·序官》：“掌染草：下士二人，府一人，史二人，徒八人。”意思是掌管染色的官员由哪些人担当。古代有“染博士”一职，专指负责染色的工匠。引申为传染、感染，如清朝方苞《狱中杂记》：“方夜中，生人与死者并踵顶而卧，无可旋避，此所以染者众也。”或引申为沾染，污染，如北宋周敦颐《爱莲说》：“予独爱莲之出淤泥而不染。”

藏： cáng　小篆写作。形声字，从艸，臧声。《说文》：“藏，匿也。”本义是指把东西放在像草丛一样隐蔽的地方收藏起来。后来引申指收藏、隐藏，如《墨子·三辩》：“农夫春耕夏耘，秋敛冬藏。”《易经·系辞上》：“慢藏诲盗，冶容诲淫。”意思是粗心大意地收藏财物等于是主动教人来偷盗自己的东西，将自己的容颜打扮得过于妖艳等于是故意教人来淫乱。《吕氏春秋·察今》：“见瓶水之冰，而知天下之寒，鱼鳖之藏也。”

算： suàn　小篆写作。会意字，从竹，从具。“竹”是古代的一种计数筹码；“具”是工具；从竹，从具，是指用竹片这种筹码来进行计算。《说文》：“算，数也。”本义是计算、计数，如《论语·子路》：“何足算也？”意思是不值得计算在内。南朝齐、梁时期文学理论批评家刘勰的《文心雕龙·诸子》：“承流而枝附者，不可胜算。”意思是效法于先贤的细枝末流之人，数不胜数。清朝吴敬梓讽刺小说《儒林外史》：“只恐把铁棍子打完了，也算不到这笔帐上来。”后来引申指推测、料想，如南宋姜夔《扬州慢》：“杜郎俊赏，算而今，重到须惊。”南宋范成大《重送文处厚》诗：“算来无似君潇洒，来往空船载月明。”

箍：gū　小篆写作。形声字，从竹，从手，匝声。《集韵》：“箍，以篾束物也。”本义是用竹篾束缚物体，如《朱子语录》：“宋大慈寺箍桶者精《易》。”意思是在北宋时期大慈寺内有一位箍桶者（制作木桶的人，用竹篾条将做桶的木板箍捆成桶）精通《易经》。后来引申指绕缠、束缚，如赵树理《老杨同志》：“广聚跟小元抬头一看，见他头上箍着块白手巾。”

薅：hāo　小篆写作。形声字，从蓐，好省声。《说文》：“薅，拔去田草也。”本义是拔除或铲除田地里的杂草，如《诗经·周颂·良耜》：“其镈斯赵，以薅荼蓼。荼蓼朽止，黍稷茂止。”意思是用锄头铲除田野沼泽间的荼和蓼等杂草，杂草朽死后，黍稷谷物就会茂盛茁壮。后引申泛指拔去，如“薅胡子（拔胡须）”。或引申指揪住，如“薅住领子”。

四、与植物有关的器物及相关汉字

人们生活中的许多器具、物品，是以植物为原材料的，它们与植物直接或间接相关。

案：àn　小篆写作。形声字，从木，安声。本义是指木制的盛食物的矮脚托盘，如《史记·田叔列传》：“赵王张敖自持案进食。”《后汉书·梁鸿传》：“妻为具食，不敢于鸿前仰视，举案齐眉。”南朝宋鲍照《拟行路难》：“对案不能食，拔剑击柱长叹息。”后转指桌案，一种长方形的桌子，如《三国志·周瑜传》：“权拔刀斫前奏案。”清朝方苞《左忠毅公逸事》：“庑下一人伏案卧。”《聊斋志异·促织》：“成妻纳钱案上。”

梯：tī　小篆写作。形声字，从木，弟声。《说文》：“梯，木阶也。”指木制的便于人上下攀登的用具或设备，如《墨子·公输》：“公输盘为楚造云梯之械。……吾从北方闻子为梯，将以攻宋。”唐朝李白

《梦游天姥吟留别》："脚著谢公屐，身登青云梯。"

床（牀）： chuáng　小篆写作，形声字，从木，爿声。《说文》："牀，安身之坐也，从木，爿声。字亦作床。古闲居坐于牀，隐于几，不垂足，夜则寝，晨兴则敛枕簟。"本义是指可坐亦可卧的器具，如《玉台新咏·古诗为焦仲卿妻作》："媒人下床去，诺诺复尔尔。"杜甫《茅屋为秋风所破歌》："床头屋漏无干处，雨脚如麻未断绝。"后来这种器具发展成专用于睡觉的床。

榻： tà　小篆写作。形声字，从木，𦐇声。《说文》："榻，床也。"本义是指狭长而较矮的床形坐具，如《玉台新咏·古诗为焦仲卿妻作》："移我琉璃榻，出置前窗下。"《后汉书·徐稚传》："蕃在郡不接宾客，唯稚来特设一榻，去则悬之。"清朝梁启超《谭嗣同传》："初六日，变遂发，时余方访君寓，对坐榻上。"这种坐具后来也发展成睡觉用的床，所以榻引申有床、睡觉义，如今之"下榻"一词，指投宿、住店、睡觉。

棺： guān　小篆写作。形声字，从木，官声。《说文》："棺，关也，所以掩尸。"《白虎通》："棺之为言

完，所以藏尸令完全也。”本义是指棺材，装殓尸体的器具，通常是木制的，也可由其他材料制成，如《韩非子·显学》：“墨者之葬也，冬日冬服，夏日夏服，桐棺三寸，服丧三月。”唐朝陆德明《经典释文》：“棺用难朽之木。桐木易坏，不堪为棺。”西汉刘安《淮南子·氾论训》：“有虞氏用瓦棺。”东晋常璩《华阳国志·蜀志》：“有蜀侯蚕丛，其目纵，始称王。死，作石棺石椁。国人从之，故俗以石棺椁为纵目人冢也。”

桎：zhì　小篆写作。形声字，从木，至声。《说文》：“桎，足械也。”本义是指古代一种拘系罪人的木制脚镣，如《吕氏春秋·仲春》：“命有司省囹圄，去桎梏，无肆掠，止狱讼。”又引申作动词，束缚、约束义，如《庄子·达生》：“故其灵台一而不桎。”意思是说内心专一，不受其他杂事牵绊约束。

梏：gù　小篆写作。形声字，从木，告声。《说文》：“梏，手械也。”郑玄注曰：“在手曰梏，在足曰桎。”本义是指古代一种拘系罪人的木制手铐，如《吕氏春秋·仲春》：“命有司省囹圄，去桎梏。”《汉书·范滂传》：“甫愍然为之改容，乃得并解桎梏。”《周礼·秋

官·掌囚》："凡囚者……中罪桎梏，下罪梏。"又引申作动词，戴上手铐，监禁义，如《左传·成公十七年》："执而梏之。"《山海经》："帝乃梏之疏属之山。"

槊：shuò　小篆写作。形声字，从木，朔声。《说文》："槊，矛也。"《通俗文》："矛长丈八谓之槊。"本义是指一种古代兵器，即长杆矛，它的把柄通常是由长条木杆制成的。如北宋苏轼《前赤壁赋》："（曹操）酾酒临江，横槊赋诗，固一世之英雄，而今安在哉?"《魏书·杨津传》："不畏利槊坚城，惟畏杨公铁星。"

陶艺作品：横槊赋诗＊

枪：qiāng　小篆写作。形声字，从木，仓声。《仓颉篇》："枪，谓木两头锐者也。"《类篇》："剡木伤盗曰枪。"作为武器，原来是指一种将木杆两头或一头削尖的刺击兵器。如唐朝白居易《琵琶行》："铁骑突出刀枪鸣。"清朝邵长蘅《青门剩稿》："枪刺应元。"后来指火枪，即能发射子弹的火器，如清朝徐珂《青稗类钞·战事类》：“枪声隆然。”清朝刘鹗《老残游记》：“都带着洋枪，还怕什么呢？”

桨：jiǎng　小篆写作。形声字，从木，将声。本义是指木制的划船用具，如北宋郑仅《调笑转踏》：“风高江阔白浪飞，急催艇子操双桨。”后可扩大指其他材料制成的划船用具，如南朝梁刘孝威《采莲曲》：“金桨木兰船，戏采江南莲。”

笔：bǐ　小篆写作。会意兼形声字，从竹，从聿，聿亦声。聿是“筆”的本字，小篆写作，像以手执笔。由于古代用毛笔，笔杆一般是竹制的，所以后来在“聿”字基础上再加了竹字头。“筆”字后来又简写为“笔”。它的本义是毛笔，后来可指其他材料制成的笔，也可引申作动词，书写的意思。

笛：dí　小篆写作。形声字，从竹，由声。《说文》：“笛，七孔筩也。从竹，由声。羌笛三孔。”本义是指笛子，一种竹制的管乐器。笛子是迄今为止发现的最古老的汉族乐器，也是汉族乐器中最具代表性、最有民族特色的吹奏乐器。现代的笛子一般在管身上开有1

个吹孔、1 个膜孔、6 个音孔、2 个基音孔和 2 个助音孔，又谓之“横吹”。后也可引申指响声尖锐的发音器，如“汽笛”、“警笛”等。

笛子

笙*

笙：shēng　小篆写作笙。形声字，从竹，生声。《说文》：“笙，十三簧。象凤之身也。”本义是指一种竹制的簧管乐器，通常是用十三根长短不同的竹管制成。如《诗经·小雅·鹿鸣》：“我有嘉宾，鼓瑟吹笙。”《周礼·春官·宗伯》：“笙师：掌教吹竽、笙、埙（xūn，古时一种用陶土烧制的吹奏乐器，又叫“陶埙”，大小如鹅蛋，六孔，顶端为吹口）、龠（yuè，“籥”之本字。古时一种管乐器，像编管之形，似为排箫之前身）、箫（xiāo，古时将许多形状似笛的管子并在一起吹的叫“排箫”，后用一根管子竖着吹的叫“洞箫”）、篪（chí，古时一种形状近似笛子的竹管乐器）、笛、管（古时一种类似于笛的管乐器，用玉或竹制成，六孔，长一尺，后泛指管乐器）。”

筷：kuài　小篆写作。形声字，从竹，快声。本义是指筷子，一种夹取食物的用具，通常由竹片制成。古代称为“箸”或“筯”。

楼：lóu　小篆写作。形声字，从木，娄声。《说文》：“楼，重屋也。”本义是指木构的两层以上的房屋，古代的房屋一般是木质结构。如东汉《古诗十九首》：“西北有高楼，上与浮云齐。”唐朝李白《菩萨蛮·平林漠漠烟如织》：“暝色入高楼，有人楼上愁。”唐朝杜牧《阿房宫赋》：“五步一楼，十步一阁。”后可扩大指其他材料筑成的房屋。

栈：zhàn　小篆写作。形声字，从木，戋声。《说文》：“栈，棚也。”本义是指关马、牛等牲口的棚子，如《战国策·齐策》：“埋之马栈之下。”南朝宋颜延之《赭白马赋》：“岁老气殚，毙于内栈。”《晋书·宣帝纪》：“驽马恋栈豆。”又可指用木板铺成的小道，即栈道，如《战国策·秦策》：“栈道千里，通于蜀汉。”《徐霞客游记·游黄山记》：“复从峡度栈以上。”后转指旅馆，如“客栈”。

年：nián　甲骨文写作，会意字，从禾，从人，像禾谷成熟，人在负禾；金文写作，小篆写作，形声字，从禾，千声。《说文》：“年，谷孰也。”本义是指谷熟、年成、收成，如《谷梁传·桓公三年》：“五谷皆熟为有年也。”《谷梁传·宣公十六年》：“五谷大熟为大有年。”北京天坛公园的“祈年殿”就是用来祈求五谷丰登的。因为古代谷物一般一年收种一次，所以引申为时间单位，指地球绕太阳一圈的时间，如《论语·学而》：“子曰：‘父在，观其志；父没，观其行；三年无改于父之道，可谓孝矣。’”《孟子·滕文公上》：“禹八年于外，三过其门而不入。”又引申指年纪、岁数，如《列子·汤问》：“年且九十。”《世说新语·方正》：“时年七岁。”唐朝韩愈《师说》：“彼与彼年相若，道相似也。”

结　语

汉字与植物的知识博大精深，与人们的日常生活又关系密切，学习和了解这方面的专业知识和科普常识，对于每个人而言，都是非常重要的。先人智慧与当代科学在此方面，已有海量积淀，可资引鉴。

汉字学知识与植物学知识分属于两个截然不同的学科类别，一为人文社科知识，一为自然科学知识，泾渭分明，相差甚远。然而万事万物之间存在着联系，既相互独立，又彼此关联，将这种关联揭示出来，触发读者的感悟与思考，是很有理论和现实意义的。

本书尝试结合二者，揭示其中的关联，使读者朋友有所启迪与收获。然而，汉字系统庞杂，相关汉字数量众多，植物亦种类繁多，科目细琐，将汉字与植物二者结合起来进行考察研讨，难度不小。首先在体系分类上就困难重重，难以通融构建一个精简直观而又完全科学合理的框架系统；其次在具体列述阐析时，也难以各个兼顾，面面俱到，只能不求全面，不求甚解，突出常见实用，取其重点加以介绍探讨。故而简略粗疏，挂一漏万，难以满足读者朋友们的所有期待需求。

另外由于笔者的水平有限，编撰时间的仓促，丛书字数、体例要求的限制，以及顾虑到不同读者的接受层次差异等原因，本书中许多知识还没有阐述全面深透，专业性不够强硬到位，也没能完全贯彻和体现编撰此书的宗旨目的，甚至可能还存在不少的疏忽错误，在此谨表歉意，并请赐教指正（作者单位：佛山科学技术学院，邮编：528000）。

合抱之木，生于毫末；九层之台，起于垒土；千里之行，始于足下。广阔天地，大有可为，希望此书能够起到一点抛砖引玉的作用，此类工作能够不断深入推进。

参考文献

［1］金银根主编：《植物学》，北京：科学出版社 2010 年版。

［2］谭宏姣主编：《古汉语植物命名研究》，北京：中国社会科学出版社 2008 年版。

［3］陈俊愉、程绪珂主编：《中国花经》，上海：上海文化出版社 1990 年版。

［4］张建主编：《阅读经典》，北京：科学出版社 2009 年版。

［5］中国科学院考古研究所编：《甲骨文编》，北京：中华书局 1965 年版。

［6］容庚编著，张振林、马国权摹补：《金文编》，北京：中华书局 1985 年版。

［7］（汉）许慎：《说文解字》，北京：中华书局 1963 年版。

［8］《汉语大字典》编辑委员会编：《汉语大字典（缩印本）》，武汉：湖北辞书出版社、成都：四川辞书出版社 1992 年版。

［9］《汉语大词典》编辑委员会、《汉语大词典》编纂处编：《汉语大词典（缩印本）》，上海：汉语大词典出版社 1997 年版。